# 低品位热能驱动除湿空调技术

陈　柳　著

中国矿业大学出版社
· 徐州 ·

## 内容提要

低品位热能驱动除湿空调技术对空调系统节能减排具有重要的理论和现实意义。本书基于作者团队对低品位热能驱动除湿空调技术的研究成果，从材料、设备、系统及应用层层递进、层层深入阐述低品位热能驱动除湿空调技术的基本原理，基本特点及应用研究。在材料方面，对传统硅胶除湿材料进行优化以及制备金属有机框架除湿材料；在设备方面，以系统关键部件转轮除湿机为研究对象，研究结构参数和运行参数对转轮除湿机性能的影响；在系统方面，研究获得低品位热能驱动除湿空调技术显热和潜热独立处理热力学分析及优化方法；在应用方面，将太阳能光伏/光热系统驱动除湿空调系统应用于近零能耗建筑中、将热泵驱动除湿空调系统应用于深部地下空间。

本书可供建筑环境与能源应用、能源与动力工程、新能源科学与工程等相关专业的科研、设计人员和高等院校师生参考。

**图书在版编目(CIP)数据**

低品位热能驱动除湿空调技术 / 陈柳著. — 徐州 ：中国矿业大学出版社，2024. 11. — ISBN 978 - 7 - 5646 - 6454 - 1

Ⅰ. TU831.3

中国国家版本馆 CIP 数据核字第 2024GY3657 号

**书　　名**　低品位热能驱动除湿空调技术
**著　　者**　陈　柳
**责任编辑**　宋　晨　李　敬
**出版发行**　中国矿业大学出版社有限责任公司
（江苏省徐州市解放南路　邮编 221008）
**营销热线**　(0516)83885370　83884103
**出版服务**　(0516)83995789　83884920
**网　　址**　http://www.cumtp.com　**E-mail**:cumtpvip@cumtp.com
**印　　刷**　苏州市古得堡数码印刷有限公司
**开　　本**　787 mm×1092 mm　1/16　**印张** 11　**字数** 210 千字
**版次印次**　2024 年 11 月第 1 版　2024 年 11 月第 1 次印刷
**定　　价**　45.00 元

# 前　言

全球气候变化、城镇化、居民生活质量提升及工业领域用冷等诸多因素导致空调需求更加旺盛，低品位热能驱动除湿空调技术的研究受到众多研究者的重视。在工业生产环节中会产生大量的低品位废热，如果能将此部分热量回收并用于低品位热能驱动除湿空调技术中，将会有显著的节能效果。在民用建筑中，应用太阳能和热泵能产生大量的低品位废热。如果能将此部分热量用于低品位热能驱动除湿空调技术中，就能实现民用建筑低碳制冷。低品位热能驱动除湿空调技术的发展除了受政策和市场等需求驱动外，还受到前沿科学研究成果的推动，这令低品位热能驱动除湿空调技术的发展呈现多元化和复杂化。在这种形势下，对低品位热能驱动除湿空调技术的技术手段和典型应用进行研究是非常有必要的。

本书建立低品位热能驱动除湿空调技术框架，从材料、设备、系统及应用层层递进、层层深入阐述低品位热能驱动除湿空调技术的基本原理和基本特点，并提供了传统行业和新兴行业的应用研究。

本书共分为7章：

第1章主要介绍低品位热能驱动除湿空调技术的研究意义及研究现状。

第2章从除湿机理和低品位能源驱动出发，研究除湿能力强和再生品位低的除湿材料，并对传统除湿材料进行优化以及开发新型除湿材料。

第3章以低品位热能驱动除湿空调技术的核心设备转轮除湿机为研究对象，研究转轮除湿机结构参数和运行参数的影响规律，在此基础上，获得转轮除湿机强化传热传质的优化方法。

第4章以低品位热能驱动除湿空调技术的系统为研究对象，给出系统热力学原理、热力学方程以及热力学特性，获得系统显热和潜热独立处理热力学分析和优化方法。

第5章研究了太阳能光伏/光热系统驱动除湿空调系统的原理、特点、热力特性以及能耗特性。以典型近零能耗建筑为研究对象，将太阳能光伏/光热系统驱动除湿空调系统应用于近零能耗建筑中，并论述了应用中的关键技术。

第6章研究了热泵系统驱动除湿空调系统的原理、特点、热力特性以及能耗特性。以典型深部地下空间为研究对象，将热泵驱动除湿空调系统应用于深部地下空间，并论述了应用中的关键技术。

第7章研究了太阳能与热泵互补驱动除湿空调系统的原理、特点、热力特性以及能耗特性。

本书研究内容是作者研究团队的最新研究成果，研究生余卓雷、陈思豪、雷燕子、李江波、谭益坤、刘异、范红、何晨晨、褚于颉、邓文杰、杨发妹、石全成及陈闯在课题研究中做了许多工作，在此，谨向他们表示衷心感谢。

本书的出版得到了西安科技大学高质量学术专著出版资助计划(XGZ2024007)和西安科技大学能源学院的资助，在此表示衷心感谢。

虽然在低品位热能驱动除湿空调技术吸附材料、节能设备、系统优化及拓展应用方面取得了一定的成果，但仍有许多内容有待进一步深化、拓展和完善。

由于水平和时间有限，书中难免有疏漏之处，敬请各位专家和读者批评指正。

**著者**

2024.6.4

# 目　录

# 第1章 绪 论

## 1.1 研究意义

随着经济社会的蓬勃发展,能源短缺与环境恶化成为当今社会发展面临的现实问题。众所周知,在我国建筑能耗中,暖通空调所占份额高达60%以上。暖通空调凭借其高能源消耗和大量温室气体排放的应用特性,与绿色低碳、节能环保的发展之路背道而驰,极大地制约了绿色建筑的可持续发展以及“双碳”目标的实现[1]。可再生能源是绿色、可持续的清洁能源,将可再生能源应用在暖通空调中,对促进暖通空调的绿色、高效、节能和环保发挥着重要作用[2-3]。因此,大力促进可再生能源在空调系统中的高效利用,加速节能技术创新和利用新型暖通空调技术对降低空调系统能耗,促进绿色低碳发展,实现建筑经济效益和环保效益双赢意义重大。

太阳能作为一种清洁环保的可再生能源,开发利用潜力巨大。我国太阳能资源丰富,每年到达陆地表面的太阳辐射能约有501 015 MJ[4],可通过太阳能集热器将太阳辐射能转化为热能,从而推动建筑暖通空调的发展。尽管太阳能暖通空调技术相关应用目前已经成熟,但是太阳能不稳定、能流密度低以及易受天气影响,因此在利用太阳能的同时需要考虑辅助热源来保证系统的连续运行和稳定供热[5]。

相较于太阳能,热泵基于逆卡诺循环机理,通过利用少量电能实现将较多的热量由低品位热源转移到高品位热源,并且节能环保、供热稳定[6]。在实际应用中,根据低品位热源的来源不同,热泵可分为空气源热泵、水源热泵以及土壤源热泵[7-8]。与另外两种热泵不同,空气源热泵以室外空气为低品位热源,具有不受地理环境限制、性能稳定、适用范围广以及安装维护方便等优势[9-10]。但是,在寒冷地区,空气源热泵的制热性能显著降低,运行能耗增加[11-12]。

除湿空调技术是一种绿色、节能、环保和舒适的新型空调技术,采用水作为制冷剂,通过低品位热能驱动,能够实现显热负荷和潜热负荷分别处理,除湿效果显著[13-14]。在除湿空调系统中,利用转轮除湿机对处理空气进行除湿,需要利用再生热源对转轮除湿机的除湿材料进行脱附解吸。传统除湿空调系统再生温度高，再生能耗大，制冷能力有限[15]。利用单一太阳能作为除湿空调系统的再生热源不能满足转轮除湿机的再生要求，通常采用辅助电加热器进行补充，从而消耗大量高品位电能，造成环境污染，并且系统性能系数较低[16-17]。以太阳能与热泵联合驱动的除湿空调系统，不仅能够降低系统的再生温度，而且可以显著提高系统的性能系数，从而显著地降低系统的能耗。同时，除湿空调系统可利用自然冷源处理除湿过程中产生的显热，对促进我国节能减排和实现“双碳”目标具有一定的现实意义。

## 1.2 国内外研究现状

传统蒸汽压缩空调系统在降温除湿的过程中，将空气温度处理至露点以下而出现冷凝现象，存在送风品质低、高能耗以及环境污染等弊端[18]。相比之下，除湿空调系统的构建原理是将固体吸附除湿与冷却技术相结合，将潜热负荷和显热负荷分别独立处理，从而实现对空气的除湿冷却。除湿空调系统不仅克服了空气冷凝的问题，而且以水为制冷剂，能够连续除湿，通过低温热能驱动系统运行，显著降低了系统能耗。因此，为了进一步改善和提高除湿空调系统的整体性能，学者们进行了广泛的研究，研究方向主要集中在系统循环配置的优化、高效除湿材料的研发、再生热源的耦合、高温冷源的应用、系统性能的模拟及优化五个部分。

### 1.2.1 系统循环配置的优化

除湿空调系统利用转轮除湿机处理潜热负荷，利用冷却设备处理显热负荷。Pennington[19]提出全新风除湿空调系统，该系统中的室外新风由转轮除湿机除湿，由显热回收器和直接蒸发冷却器对其冷却。然而，全新风除湿空调系统存在冷却能力不足以及再生能耗高的弊端。为了提高除湿空调系统的性能，学者对其做了相关改进。Jain 等[20]提出全回风除湿空调系统，将室内回风作为系统的处理空气，结果导致热力性能较差。Collier 等[21]将全新风除湿空调系统和全回风除湿空调系统的优势结合起来，不仅可以提供低温低湿空气，而且制冷能力显著提高。Pesaran 等[22]将经过转轮除湿机及两个显热换热器除湿冷却后的室外新风与室内回风进行混合，然后通过冷却盘管与冷却塔供应的冷水进行热量交换，得到的低温低湿空气一部分送入空调房间，另一部分经过冷却塔和显热换热器后排入大气中。该系统热力性能可达到 2.0 以上。La 等[23]采用直接蒸发冷却器和间接蒸发冷却器相结合的方式对除湿空调系统进行冷却，系统性能显著提高。

除湿空调系统循环配置优化的关键在于潜热负荷和显热负荷的处理方式。学者们通过大量的理论和实验研究发现，混合除湿和等温除湿等技术能够降低系统能耗，显著提高系统性能。Kiatsiriroat 等[24]提出了转轮除湿和热泵结合的空调系统，通过模拟和实验研究发现，转轮除湿机可以为热泵系统降低 7%～20%的负荷。Jia 等[25]对除湿空调系统与蒸汽压缩系统联合系统进行了实验研究，结果表明，相较于传统蒸汽压缩系统，联合系统节能率可达 37.5%。Niu 等[26]通过模拟研究分析了冷却顶板和转轮除湿构成的复合除湿空调系统的性能与节能潜力。结果表明，与传统全空气除湿空调系统相比，该复合系统可节省 44%的一次能源消耗。Dai 等[27]对除湿空调系统与吸附制冷复合空调系统的性能进行了研究，结果表明在设计工况下，送风温度低于 20 ℃，除湿空调系统性能系数可达到 0.4 以上。葛天舒[28]提出了需要级间降温的转轮式双级除湿空调系统，并从理论和实验方面进行了研究分析，结果表明，相较于传统空调系统，该系统可在较低的再生温度下运行，除湿能力和㶲效率更高。侯小兵等[29]通过正交实验的方法对两级转轮除湿空调系统进行了研究，并分析了各因素对系统性能的影响。

### 1.2.2 高效除湿材料的研发

除湿空调系统依靠除湿材料对环境空气进行吸附除湿，除湿材料的选择显著影响除湿空调系统的除湿性能和能源消耗。传统除湿材料有氯化锂、硅胶、分子筛等，然而在应用中存在吸附性能差、再生能耗高等不足[30]。为了提高除湿材料的吸附性能，减小设备体积，降低系统能耗，研发高效除湿材料对除湿空调系统的发展起着重要作用。

Jia 等[31]对新型除湿材料硅胶-氯化锂进行了吸附特性测试研究，并将其应用于除湿空调系统。结果表明，与普通硅胶相比，该除湿材料吸附性更强，且再生温度更低。同时，系统性能系数提高约 35%。Sukhyy 等[32]采用凝胶法制备了硅胶-$Na_2SO_4$ 复合除湿材料，研究发现其吸附性能比硅胶和 $Na_2SO_4$ 直接混合更优。Chua[33]研究了复合除湿材料硅胶-氯化锂、硅胶-氯化钙和硅胶-聚乙烯醇的除湿性能，并与纯硅胶进行对比。结果表明，在给定条件下，硅胶-氯化锂的除湿性能优于硅胶-氯化钙和硅胶-聚乙烯醇的除湿性能。与纯硅胶相比，复合除湿材料的除湿性能提升了 55%以上。常烜宇等[34]测试了硅胶和硅胶-氯化锂复合材料的平衡吸附量，并对材料的再生特性进行了研究。赵惠忠等[35]对比和分析了新型吸附材料硅胶-氧化石墨烯与单一粗孔硅胶的吸附性能。结果表明，新型吸附材料的平衡吸附量相较于单一粗孔硅胶有明显提高。雷燕子[36]分别

采用 $MgCl_2$ 溶液和 $CaCl_2$ 溶液对硅胶进行改性和二次强化，制备出新型吸附材料并进行模拟研究。结果表明，当孔隙率为 0.4 时，除湿量和除湿率达最大值，分别为 1.52 g/s 和 0.34%。杨启荣[37]利用聚丙烯酸钠或聚乙烯醇溶液将玻璃纤维纸和硅胶进行改性和成型处理，从而得到复合除湿材料。实验测试并分析了不同浓度比例所得到的复合材料的除湿性能。何晨晨等[38]通过氯化镁改性硅胶及氯化钙二次强化制备新型复合除湿材料，并研究了该材料的除湿性能和再生性能。结果表明，在温度为 20 ℃、相对湿度为 70%的条件下，除湿材料的平衡除湿量可达 161 mg/g，是未改性除湿材料的 3.2 倍。另外，除湿材料可在低温下实现再生。Yan 等[39]开发了一种新型复合材料 MIL-101(Cr)@GO，并通过实验测试了该材料的除湿性能。结果表明，该复合材料具有吸附能力较强、稳定性好的优点。经过 6 次吸附解吸循环后，该复合材料中水蒸气的解吸效率达 94%。

### 1.2.3 再生热源的耦合

除湿空调系统是一种新型的空调系统，该系统可利用太阳能、空气能、地热能、余热及废热等作为再生热源，能够有效降低系统的再生能耗，从而提高系统的运行性能和节能潜力。

太阳能是一种清洁、无污染、零成本的可再生能源，利用太阳能驱动除湿空调系统，节能潜力显著。Henning 等[40]提出了太阳能驱动除湿空调系统的不同结构方式，比较研究了不同结构方式的系统性能。结果表明，最优结构方式的太阳能驱动除湿空调系统在能量和经济性方面具有明显优势。Hürdoğan 等[41]研究了太阳能的利用对除湿空调系统性能的影响，研究结果表明太阳能的利用可提高系统性能系数 50%～120%。Fong 等[42]为了分析太阳能驱动除湿空调系统的节能潜力，结合气候和地区条件对系统进行了全年性能评价。相较于传统空调系统，该系统达到了 35.2%的全年节能率。Bourdoukan 等[43]研究了利用真空管太阳能集热器驱动除湿空调系统的节能优势，在太阳能装置整体效率为 0.55 的条件下，系统热力性能系数可达 0.45。Angrisani 等[44]动态模拟了太阳能驱动除湿空调系统的性能，从能源、环境、经济三个方面与传统空调系统进行了对比，结果表明太阳能驱动除湿空调系统性能更优。Chaudhary 等[45]提出了集成高效蒸发冷却的太阳能驱动除湿空调系统，实验研究表明，系统能效比可达到 0.91。

将热泵与除湿空调系统相结合，利用热泵的冷凝热驱动转轮除湿机再生，有效地降低了系统能耗。郝红等[46]提出了中高温热泵驱动除湿空调系统，模拟研究表明该系统利用热泵一方面可以满足送风条件，另一方面可以提供冷凝热满足转轮除湿的再生要求。葛风华等[47]研究了空气源热泵驱动除湿空调系统，利用空气源热泵的冷凝废热驱动转轮除湿机再生，结果表明，热泵冷凝废热能够达到系统再生温度，且相较于传统空调系统，该系统的能源利用效率显著提高。Sheng 等[48]建立了高温热泵驱动除湿空调系统的数学模型，模拟并分析了系统的节能潜力。与常规蒸汽压缩系统相比，该系统可降低 45.6%的运行能耗。胡晓微[49]对高温热泵驱动除湿空调系统中转轮除湿机的再生性能进行了研究，结果表明，高温热泵冷凝侧的出风温度可以满足转轮除湿机的再生要求。王涛[50]在多种运行工况下对热泵驱动除湿空调系统进行了实验研究，结果表明在夏季工况下，热泵蒸发器的送风温度为 19 ℃左右，热泵系统平均能效比(COP)达到 2.73，并且热泵冷凝器能够提供 62.48 ℃的再生温度。

利用地热能和余热废热作为除湿空调的再生热源，也受到学者们的广泛关注。Jeong 等[51]利用余热驱动除湿空调系统，对比研究了 4 种不同结构的除湿空调系统的节能性。结果表明，带内部热交换器的间歇式系统采用 33 ℃的再生温度可以实现转轮除湿机再生，有效降低了系统的再生能耗。Casas 等[52]以废热作为再生热源，研究了废热驱动除湿空调系统的节能潜力。与传统除湿空调系统相比，该系统可达到 70%的节能率。Goodarzia 等[53]针对废热驱动除湿空调系统，通过模拟研究了处理空气温度、处理空气含湿量、再生温度、风速以及转轮转速对系统性能的影响。Angrisani 等[54]利用三联产系统产生的废热为除湿空调系统提供再生热量，模拟研究结果表明，废热驱动除湿空调系统一次能源消耗量最大减少了 7.70%，二氧化碳减排率最大达到了 15.3%。

### 1.2.4　高温冷源的应用

为了降低系统的冷却能耗，有学者提出将浅层地下水或蒸发冷却技术与除湿空调系统结合，为系统提供高温冷源。Heidarinejad 等[55]研究了与地源热交换器相结合的太阳能驱动除湿空调系统的动态运行性能，利用地下水通过地源热交换器为系统提供冷源。结果表明，在热湿和中湿条件下，该系统能够提供舒适的送风条件。Guo 等[56]对利用地下水作为冷源的除湿空调系统性能进行了研究，结果表明系统能够在 93%的时间内保持办公室的热舒适性，平均冷却性能系数为 9.6～16.3。Chen 等[57]提出了利用天然冷源的除湿空调系统，并将其应用在中、高湿地区。研究结果表明，采用天然冷源对系统处理空气进行冷却处理，系统具有较高的节能潜力。Liang 等[58]对利用浅层地热能的热泵驱动除湿空调的性能进行了研究。结果表明，利用浅层地热能预冷空气有助于系统除湿，其制冷量占总制冷量的 33%～73%。与传统蒸汽压缩系统相比，该系统夏季能节省 7.7%～31.7%的能耗。腊栋[59]针对传统除湿空调性能不佳以及制冷能力不足等问题，对开式冷水型除湿空调系统的性能进行了理论和实验研究。结果表明，开式冷水型除湿空调所制取的冷水能有效实现显热负荷处理，热力性能系数为0.8～0.9，尤其在湿润和高湿工况下，更加有利于低品位热能的利用。Chen等[60]提出了蒸发冷却提供冷源的除湿空调系统，该系统可同时制备出冷风和冷水，并研究了系统的运行性能和运行参数对系统的影响。结果表明，系统在再生温度为70 ℃时，送风空气温度低于20 ℃，送风空气含湿量低于13 g/kg，冷冻水温度低于18 ℃。

### 1.2.5 系统性能的模拟及优化

Heidari等[61]对伊朗某地区60 $m^2$的典型建筑太阳能驱动除湿空调系统的性能进行了模拟研究。结果表明，该系统节能率为60%，二氧化碳减排率达到了18.7%。Zhou[62]在热带、亚热带和温带3种气候条件下，利用TRNSYS软件模拟研究了太阳能驱动除湿空调系统在3类办公建筑中的综合性能。结果表明，在亚热带和温带地区，该系统将近全部的工作时间可以为建筑提供充足的冷却和供暖，而在热带地区，系统无法维持28.36%的工作时间室内的热舒适性。Karami等[63]模拟研究了太阳能驱动除湿空调与M循环蒸发冷却相结合的空调系统在热湿气候条件下的热力性能，分析了太阳能集热器集热面积、蓄热水箱以及热回收转轮换热效率对系统性能的影响。El-Agouz等[64]提出了地热能驱动除湿空调系统，针对不同的热湿区域，模拟研究了3种空调循环的运行性能。结果表明，系统在不同的热湿区域都能提供较好的热舒适条件。此外，系统COP最高值为1.03，而COP最低值约为0.15。Liu等[65]将太阳能驱动除湿空调系统应用于低纬度岛屿的建筑物，并利用MATLAB软件分析了系统的运行性能。结果表明，随着再生温度的升高，系统除湿量和制冷量都有所增加。该系统能够有效地对空气进行降温除湿，运行性能良好。Speerforck等[66]针对美国的5个城市，对太阳能和地热能联合驱动除湿空调系统的能源、环境和经济性能进行了模拟。结果表明，与传统空调系统相比，该系统能够节省50%以上的电能，能减少91%的二氧化碳排放量。Rayegan等[67]提出了太阳能驱动除湿空调系统，利用太阳能和浅层地热能分别提供再生热源和预冷冷源，运用多目标遗传优化算法来确定系统的最优设计参数，并对系统经济性进行了评估。结果表明，当再生温度、钻孔数、集热面积以及平均太阳能贡献率分别为90 ℃、9个、30 $m^2$、90%时，系统具有最佳热舒适性能，且成本回收期为5.7 a。

# 第2章 除湿材料

## 2.1 除湿材料的制备及评价

选择性能优异的固体吸附材料对除湿空调系统的除湿效率和能耗有决定性作用,所以研究具有高除湿量的固体吸附材料一直是除湿领域中研究的重点。传统硅胶材料和金属有机框架材料是粉末状,不利于工业应用。针对这一问题,选用传统硅胶和金属有机框架材料 MIL-101,采用硅胶为黏合剂,通过浸渍法和刷涂法将陶瓷纤维纸与传统硅胶和金属有机框架材料 MIL-101 复合制备得负载型改性硅胶及金属有机框架材料/陶瓷纤维纸除湿材料。采用 BET、SEM、XRD 以及 TG 等技术对制备的材料进行分析;通过质量法研究了除湿材料的吸附相平衡(吸附等温线、除湿性能、再生循环性能、等量吸附热)和吸附动力学(吸附动力学曲线、吸附活化能、分子扩散系数)。

### 2.1.1 实验方法

#### 2.1.1.1 实验仪器

实验所用的仪器见表 2-1。

**表 2-1 实验所用的仪器**

| 仪器名称 | 仪器型号 |
|---|---|
| ASAP 2020 物理吸附仪 | ASAP 2020 Plus HD88 |
| X 射线全自动衍射仪 | D8Advance |
| 扫描电子显微镜 | JSM-6460LV |
| 热重及同步热分析仪 | TGA/DSC1 |
| 恒温干燥箱 | 202-0 |

#### 2.1.1.2 原料和试剂

实验原料和试剂见表 2-2。

**表 2-2　实验所用的原料和试剂**

| 名称 | 化学式 | 纯度 |
|---|---|---|
| B 型硅胶 | $m\mathrm{SiO_2}\cdot n\mathrm{H_2O}$ | — |
| 陶瓷纤维纸 | CFP | — |
| 瓦楞型玻璃纤维纸 | FGP | — |
| 硅溶胶 | $\mathrm{SiO_2}\cdot n\mathrm{H_2O}$ | 30%～31% |
| 氯化钙 | $CaCl_2$ | AR |
| 氯化镁 | $MgCl_2$ | AR |
| 九水硝酸铬 | $\mathrm{Cr(NO_3)_3\cdot 9H_2O}$ | ≥99.0% |
| 氢氟酸 | HF | ≥40.0% |
| 对苯二甲酸 | $C_8H_6O_4$ | ≥99.0% |
| 氟化铵 | $NH_4F$ | ≥96.0% |
| N,N-二甲基甲酰胺 | $C_3H_7NO$ | 99.8% |
| 无水乙醇 | $C_2H_5OH$ | ≥99.7% |

### 2.1.2　除湿材料的制备

#### 2.1.2.1　载体的制备

将陶瓷纤维纸裁剪成 3 cm×3 cm 的正方形方块，进行干燥处理，制得载体材料，如图 2-1 所示。

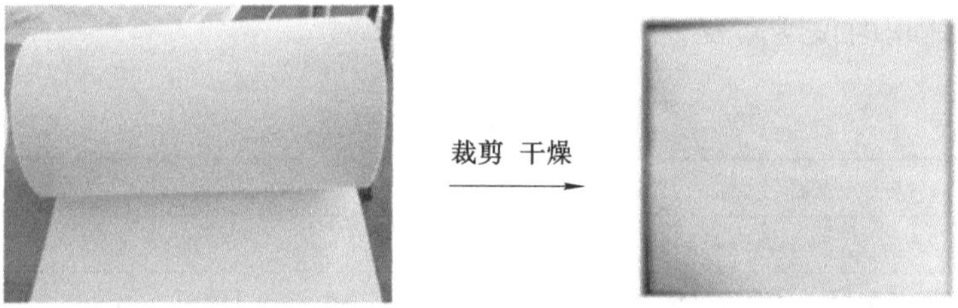


图 2-1　陶瓷纤维纸

#### 2.1.2.2　负载型改性硅胶的制备

（1）未改性硅胶材料的制备

将 B 型硅胶干燥，取 10 g B 型硅胶与 30 mL 酸性硅溶胶、50 mL 水混合搅拌均匀，将载体放入混合液体中进行浸渍负载，10 min 后取出烘干，即得到未改性的硅胶除湿材料。

(2) 单一组分改性硅胶材料的制备

将B型硅胶分别浸泡在不同浓度的$MgCl_2$(10%、15%、20%、25%)中48 h,烘干后按步骤(1)操作,即可得到负载型单一改性硅胶除湿材料,记作Mg-B。

(3) 除湿材料的制备

取Mg-B分别在浸泡在不同浓度的$CaCl_2$(10%、15%、20%、25%)中48 h,烘干后按步骤(1)操作,即可得到负载型改性硅胶除湿材料,记作Mg-B-Ca,如图2-2所示。

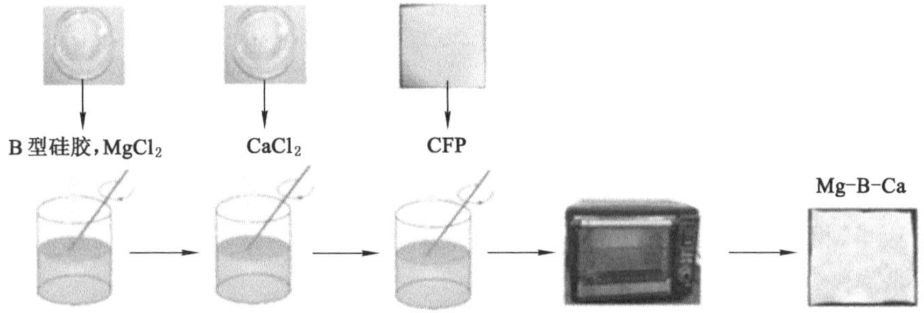


图2-2 负载型硅胶的制备

2.1.2.3 MIL-101(Cr)/陶瓷纤维纸的制备

(1) MIL-101(Cr)的制备

制备:金属有机框架材料中的MIL-101(Cr)参考Férey等[68]的方法采用水热法合成,称取4.00 g九水硝酸铬、1.64 g对苯二甲酸、48 mL去离子水、0.3 mL 40%氟化氢(HF)搅拌20 min后装入反应釜并置于220 ℃恒温干燥箱中保持8 h。

纯化:将上述产物冷却后加入15 mL的二甲基甲酰胺(DFM)和100 mL乙醇搅拌30 min后放入反应釜,于100 ℃环境中加热20 h;加入30 mmol/L的$NH_4F$水溶液并于60 ℃下保存10 h;将产物过滤、清洗,于150 ℃下干燥12 h,从而得到绿色的MIL-101(Cr)。

(2) MIL-101(Cr)/陶瓷纤维纸的制备

将陶瓷纤维纸(CFP)裁剪成3 cm×3 cm的正方形方块,再进行干燥,制得载体材料。取MIL-101粉末、硅溶胶和水以1∶2∶5的比例混合研磨成浆液,使用细毛刷将浆液涂抹到载体上,于150 ℃下干燥8 h,即可得到MIL-101/CFP,如图2-3所示。

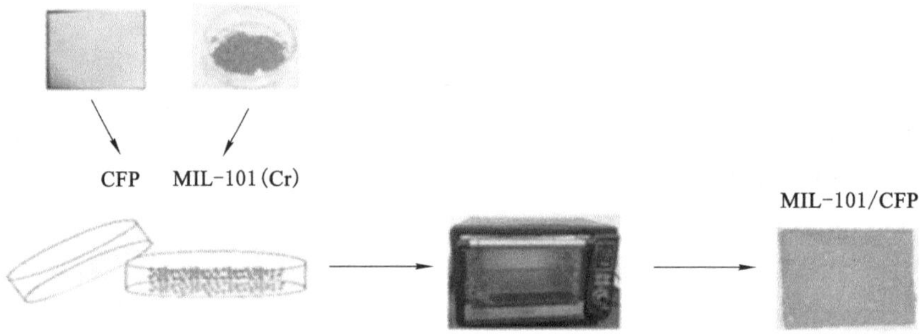


图 2-3　MIL-101/CFP 的制备

### 2.1.3　除湿材料性能的评价方法

目前评价除湿材料性能的方法有静态吸附法和动态吸附法。静态吸附法测的是除湿材料在静置环境下的饱和除湿量，而动态吸附法主要通过改变处理空气的流量、相对湿度、温度以及再生空气温度等工况来测量除湿材料的性能。

#### 2.1.3.1　吸附性能

采用动态吸附法对制备的除湿材料的除湿性能进行评价。在如图 2-4 所示的恒温恒湿空调小室，通过改变实验室内相对湿度、温度以及风速等工况来测定除湿材料的除湿性能。

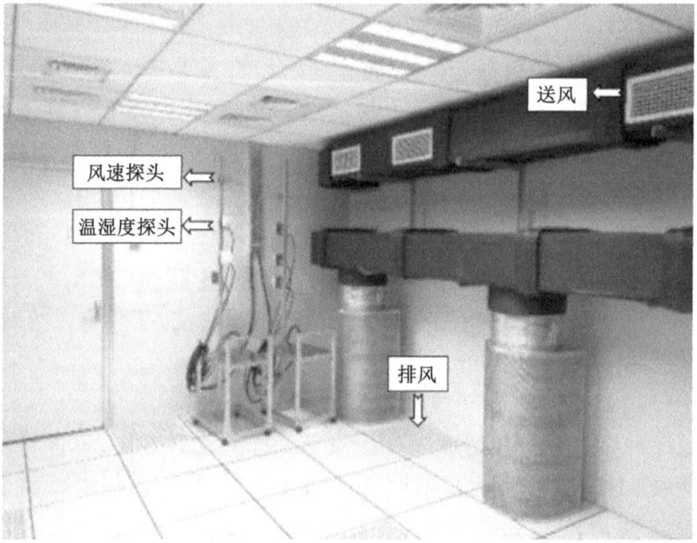


图 2-4　恒温恒湿空调小室

采用直膨式恒温恒湿空调机组对空调小室进行温度和湿度控制，并向室内提供稳定的送风气流，通过电动风阀开闭切换可实现多种送、回风方式，以此可控制室内风速。空调小室内配有2组测试移动小车，每台小车上分别安装有温度、湿度及风速传感器，小车可移动到空调小室内任何位置。

实验通过使用精度为0.001 g的电子天平来记录除湿材料吸湿前后的质量变化（质量法），用2个相同的样品同时测试，2个样品的质量差不大于3%。绘制不同材料在不同温度、湿度、风速下的动态吸水曲线，探讨除湿材料的除湿性能。除湿材料平衡除湿量用式(2-1)计算：

$$D=\frac{m_1-m_0}{m_0}\times 1\,000 \tag{2-1}$$

式中　$D$——除湿材料平衡除湿量，mg/g；

$m_0$，$m_1$——除湿材料吸水前后的质量，g。

2.1.3.2　脱附性能

采用恒温干燥箱对除湿后的材料进行脱附，记录不同时间段、不同温度下的脱水率。采用质量称重法测定除湿材料的脱附性能，绘制不同温度、再生次数下的热脱附曲线，研究再生温度对除湿材料的脱附性能的影响。

### 2.1.4　除湿材料的表征

2.1.4.1　比表面积和孔结构(BET)分析

将所制备的除湿材料搅碎研磨成粉末后，将样品在150 ℃下真空加热处理4 h。采用ASAP 2020 Plus HD88型比表面积分析仪在$N_2$(77 K)环境下测定除湿材料的$N_2$吸附-解吸等温线，采用BET模型和HK方程计算除湿材料的比表面积、孔径大小等。比表面积分析仪如图2-5所示。

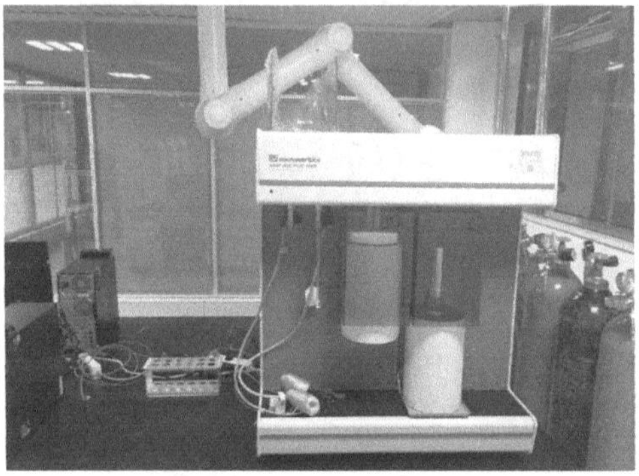

图2-5　比表面积分析仪

#### 2.1.4.2　扫描电子显微镜(SEM)分析

将所制备的除湿材料裁下一个正方形样品，测试前进行喷金处理。采用JSM-6460LV型扫描电子显微镜对除湿材料的晶体形貌和颗粒尺寸分布进行分析，扫描电子显微镜如图2-6所示。

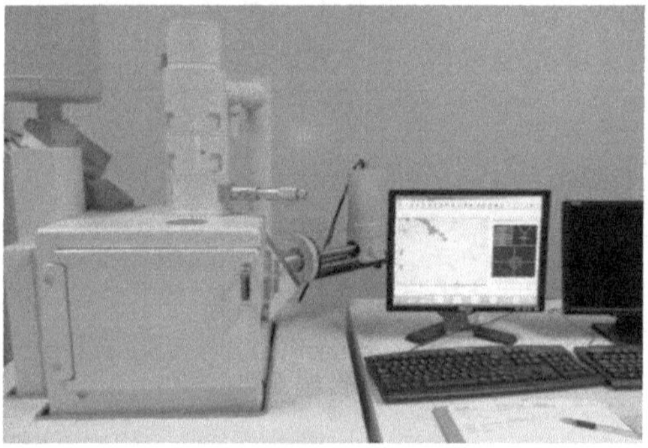

图2-6　扫描电子显微镜

#### 2.1.4.3　X射线粉末衍射(PXRD)分析

将所制备的除湿材料搅碎研磨成粉末，扫描速度为2°/min，扫描范围为2°～50°。采用Bruker D8型X射线全自动衍射仪对除湿材料的组成、晶体结构进行分析。X射线全自动衍射仪如图2-7所示。

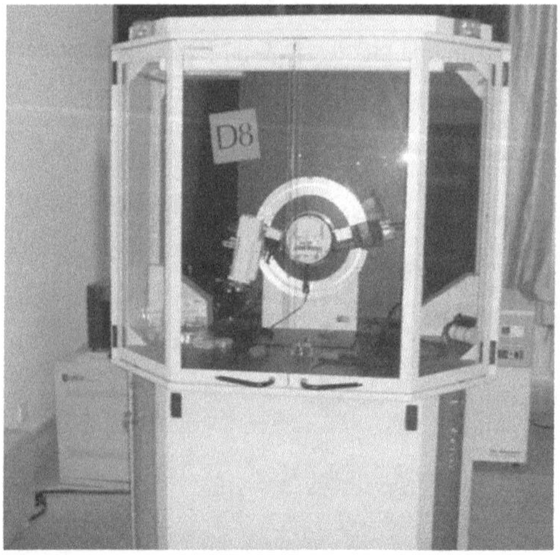


图2-7　X射线全自动衍射仪

2.1.4.4 热重(TG)分析

热重分析技术是在程序控温条件下,测定样品质量随时间的变化。通过分析热重曲线,可以判断样品质量明显损失的时间、温度以及热稳定性。采用TGA/DSC1型热重及同步热分析仪进行热重测试,对样品的热稳定性进行分析,热重及同步热分析仪如图2-8所示。测试条件为将所制备的除湿材料搅碎研磨成粉末后取样于$N_2$氛围,升温速率为10 ℃/min,温度升至600 ℃。

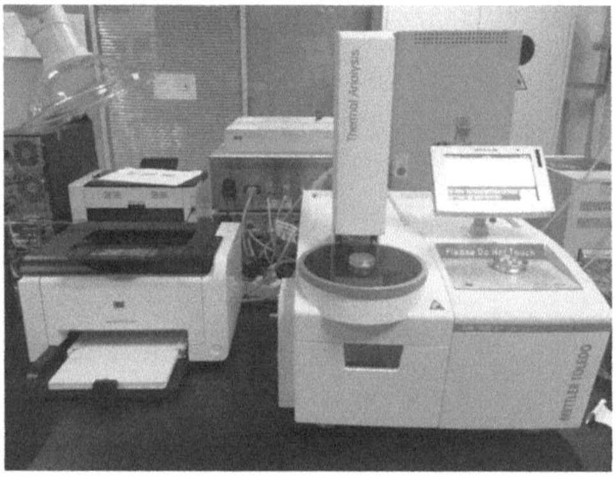

图2-8 热重及同步热分析仪

## 2.1.5 吸附相平衡和吸附动力学理论

2.1.5.1 吸附相平衡

吸附等温线和等量吸附热是评价吸附材料吸附性能的重要参数,可为评估除湿材料对水蒸气的除湿性能提供重要数据。

吸附等温线是指被测材料在某温度下从初始吸附到吸附饱和时所构成的曲线。目前主要有6种分类,如图2-9所示。其中,第一种Ⅰ型等温线又称Langmuir等温线,该等温线在低压区快速吸附,在中压区多平坦,在高压区迅速升高。第二种Ⅱ型等温线又称S型等温线,在低压区存在吸附拐点$B$,此点是单层/多层吸附的转折点。第三种Ⅲ型等温线类似于一个凹的二次曲线,该吸附类型的材料吸附作用力相当弱,多适用于中高压范围。第四种Ⅳ型等温线多发生在中孔材料,该类型等温线同样存在吸附拐点$B$,在低压区发生单层吸附,在高压区迅速上升,且出现吸附滞后现象。第五种Ⅴ型等温线也称墨水瓶型等温线,该类型等温线在吸附开始阶段类似Ⅲ型等温线,吸附后阶段类似Ⅳ型等温线。第六种Ⅵ型等温线类似阶梯,常发生在除湿材料表面均匀且表现为谐式多层吸附，吸附刚开始是快速吸附，吸附快结束时会出现等温线迅速上升的现象。

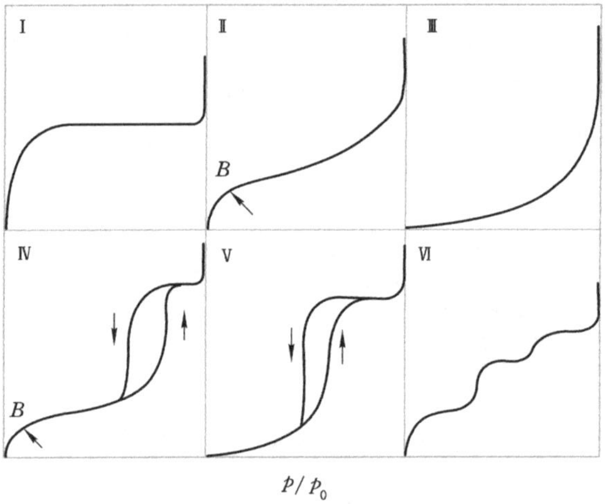


图 2-9　吸附等温线的分类

等量吸附热是指吸附材料在足量的气体下吸附一段时间后，吸附材料继续吸附时所放出的热量，因此也被称为微分吸附热。等量吸附热的变化程度也可以用来说明吸附剂表面的活性吸附点是否均匀，如果吸附热变化很大，说明活性吸附点不均匀；反之则均匀。等量吸附热的计算方式如下[69-70]：

$$\ln p = -\frac{\Delta H}{RT} + C \tag{2-2}$$

式中　$\Delta H$——等量吸附热，kJ/mol；

$R$——理想气体常数，取 8.314 kJ/(mol · K)；

$p$——吸附压力，Pa；

$T$——吸附温度，K；

$C$——积分常数。

#### 2.1.5.2　吸附动力学

在应用中，不仅要考虑吸附材料的吸附相平衡，也需要了解它的传质过程。分析吸附材料的伪一级动力模型、伪二级动力模型、分子扩散系数和吸附活化能，可为除湿材料的应用提供理论基础。

(1) 伪一级动力模型

伪一级动力学模型由 Lagergren(拉格尔拉伦)提出，其表达式为[71]：

$$\frac{\mathrm{d}q}{\mathrm{d}t}=k_1(q_e-q_t) \tag{2-3}$$

用边界条件可变形为：

$$\ln(q_e-q_t)=\ln q_e-k_1t \tag{2-4}$$

式中 $q_e$——饱和除湿量，mg/g；

$q_t$——$t$ 时刻的除湿量，mg/g；

$k_1$——伪一级动力学方程吸附速率常数，1/min，其中 $k_1$ 值越大，吸附速率越大。

（2）伪二级动力模型

伪二级动力模型为 Ho-Mckay 方程[72]：

$$\frac{\mathrm{d}q_t}{\mathrm{d}t}=k_2(q_e-q_t)^2 \tag{2-5}$$

应用边界条件可变形为：

$$\frac{t}{q_t}=\frac{1}{k_2q_e^2}+\frac{t}{q_e} \tag{2-6}$$

式中 $k_2$——伪二级动力学方程速率常数，g/(mg·min)，其中 $k_2$ 值越大，吸附速率越小。

（3）分子扩散系数和吸附活化能

分子扩散系数是表示水蒸气在除湿材料上扩散程度的物理量。测试水蒸气在除湿材料上的吸附动力学曲线，采用颗粒内扩散模型(2-7)可计算水蒸气在除湿材料上的分子扩散系数[73-74]：

$$\frac{q_t}{q_e}=\frac{6}{r_c}\sqrt{\frac{D_Mt}{\pi}} \tag{2-7}$$

式中 $D_M$——晶体间扩散系数，$cm^2/s$；

$r_c$——粒子半径，cm；

$D_M/r_c^2$——扩散时间常数，1/s。

吸附活化能可根据 Arrhenius 方程求得[75]：

$$D_M=A\exp\left(\frac{-E_a}{RT}\right) \tag{2-8}$$

式(2-8)可变形为：

$$\ln D_M=\ln A-\left(\frac{E_a}{RT}\right) \tag{2-9}$$

式中 $A$——指前因子；

$E_a$——吸附活化能,kJ/mol。

## 2.2 负载型改性硅胶的性能研究

采用动态吸附法在恒温恒湿空调小室温度为 20～40 ℃、相对湿度为 40%～80%、风速为 0.1～2.0 m/s 的工况下,对负载型改性硅胶除湿材料的除湿性能进行测定。利用恒温干燥箱来测定负载型改性硅胶除湿材料的脱附性能,干燥箱设置再生温度范围为 50～120 ℃;利用 BET 方法测定 $N_2$ 吸附-解吸等温线,并计算负载型改性硅胶除湿材料的比表面积和孔径大小;利用 SEM 测试负载型改性硅胶的晶体形貌和颗粒尺寸分布。

### 2.2.1 改性盐浓度的确定

以陶瓷纤维纸为基质,以 B 型硅胶为研究对象,以硅溶胶为黏合剂,使用浸渍法制备除湿材料。使用不同浓度的 $MgCl_2$ 和 $CaCl_2$ 对硅胶进行改性,制备改性硅胶除湿材料,并在温度为 20 ℃、相对湿度为 70%的条件下,测试上述各种改性硅胶除湿材料对水蒸气的吸附性能。

#### 2.2.1.1 $MgCl_2$ 浓度对除湿性能的影响

图 2-10 所示为空调小室温度为 20 ℃、相对湿度为 70%、风速为 0.1 m/s 的条件下,$MgCl_2$ 浓度对负载型单一改性硅胶除湿性能的影响。实验结果表明,在同等测试条件下,改性后除湿材料的除湿量远远大于未改性除湿材料的除湿量,且随着 $MgCl_2$ 浓度的增加,单一改性 B 型硅胶的除湿量逐渐增加,除湿速率逐渐增加,这是因为改性硅胶的除湿原理分为物理吸附和化学吸附,且以化学吸附为主:当 $MgCl_2$ 浓度为 25%时改性硅胶的改性效果最佳,记作 Mg-B(25%);改性硅胶的饱和除湿量是未改性除湿材料的 2.5 倍,改性硅胶的除湿速率是未改性除湿材料的 2.3 倍,因此选择 Mg-B(25%)进行二次改性。

#### 2.2.1.2 $CaCl_2$ 浓度对吸附性能的影响

图 2-11 比较了温度为 20 ℃、相对湿度为 70%、风速为 0.1 m/s 条件下,$CaCl_2$ 浓度对负载型改性硅胶除湿性能的影响。Mg-B 单一改性硅胶除湿材料分别经 4 种浓度(10%、15%、20%、25%)的 $CaCl_2$ 二次改性,记作 Mg-B-Ca。结果表明,在同等测试条件下,制得的负载型改性硅胶的除湿量和除湿速率和 $CaCl_2$ 浓度成正比,当 $CaCl_2$ 浓度为 25%时负载型改性硅胶的改性效果最佳,原因可能是 $Ca^{2+}$ 比 $Mg^{2+}$ 的亲水性能更强,二者发生了离子交换,从而进一步提升

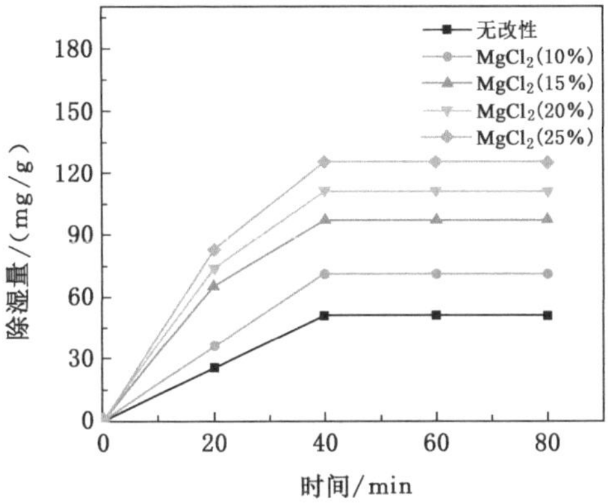


(a) 除湿量-时间曲线

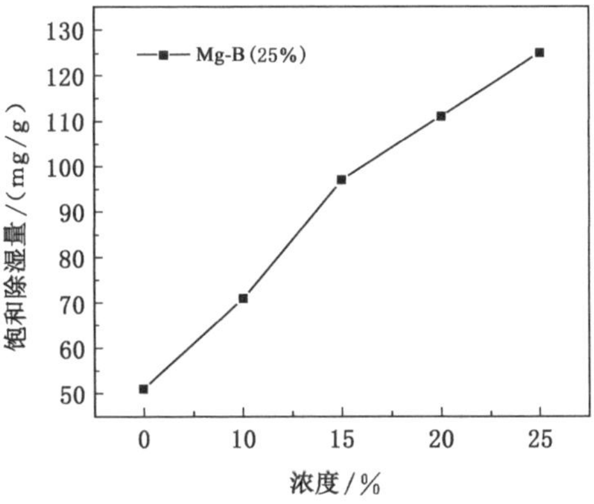


(b) 饱和除湿量-浓度曲线

图 2-10　$MgCl_2$ 浓度对负载型单一改性硅胶除湿性能的影响

了除湿材料的化学吸附能力。与上述实验相比较，负载型改性硅胶的除湿量是未改性除湿材料的 3.2 倍，是单一改性除湿材料的 1.3 倍；负载型改性硅胶的除湿速率是未改性除湿材料的 6.1 倍，是单一改性除湿材料的 2.6 倍。通过对比可知，制得的负载型改性硅胶的除湿量和除湿速率均明显优于未改性和单一改性的除湿材料。因此，本书选择 Mg-B-Ca(25%)作为研究对象。

### 2.2.2　负载型改性硅胶的除湿性能

研究表明，经过 $MgCl_2$ 改性和 $CaCl_2$ 二次改性的 Mg-B-Ca(25%)具有较好的除湿性能。下面研究不同温度、湿度及风速等环境对负载型改性硅胶除湿材料 Mg-B-Ca(25%)的除湿性能的影响。

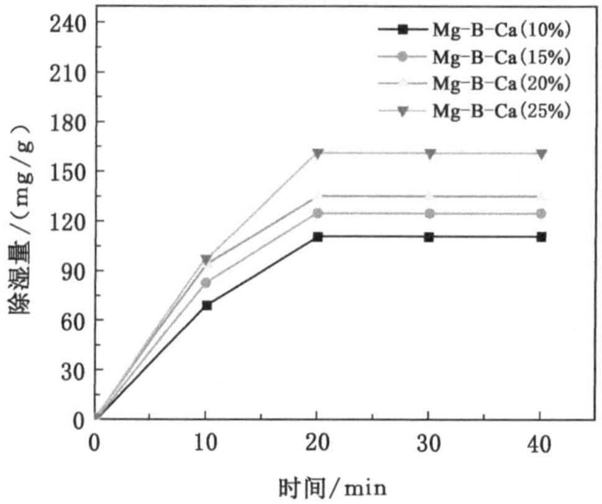


(a) 除湿量-时间曲线

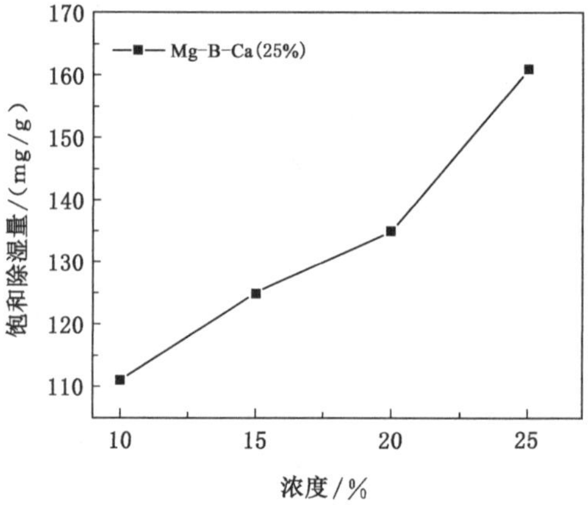


(b) 饱和除湿量-浓度曲线

图 2-11 $CaCl_2$ 浓度对负载型改性硅胶除湿性能的影响

2.2.2.1 相对湿度对除湿材料性能的影响

图 2-12 所示为温度为 20 ℃、风速为 0.1 m/s、相对湿度为 40%～80%条件下，相对湿度对负载型改性硅胶除湿性能的影响。实验结果表明，在规定的湿度范围内，除湿材料的除湿量和除湿速率均随相对湿度的增加而增加。这是因为相对湿度越大，除湿材料的含湿量越大，即水分子越密集，单位时间内吸附的水分子越多，除湿材料的除湿量和除湿效率增加。以 70%高湿度和 40%低湿度为例，Mg-B-Ca(25%)的饱和除湿量分别为 161 mg/g 和 87 mg/g，说明相对湿度的大小对除湿材料的除湿性能影响较大，除湿效率提升了 1.85 倍，负载型改性

硅胶除湿材料适用于高相对湿度下的除湿。

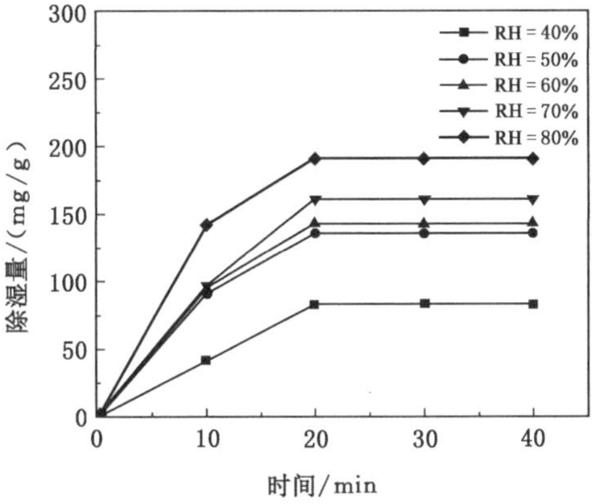


(a) 除湿量-时间曲线

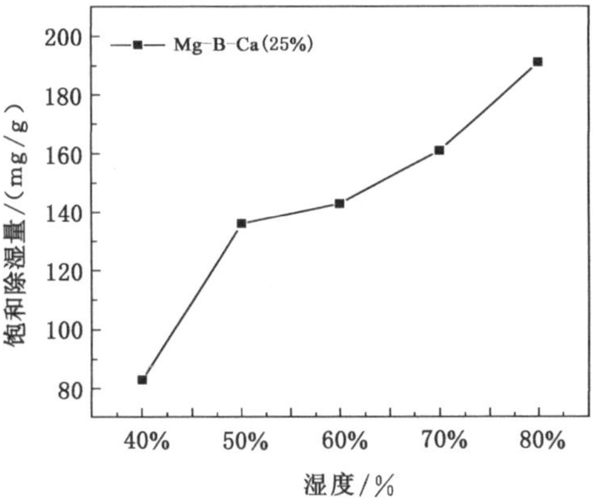


(b) 饱和除湿量-浓度曲线

图 2-12 相对湿度对负载型改性硅胶除湿性能的影响

#### 2.2.2.2 温度对除湿材料性能的影响

图 2-13 所示为相对湿度为 70%、风速为 0.1 m/s、温度为 20～40 ℃条件下，温度对负载型改性硅胶除湿性能的影响。从图 2-13 中可以看出，随着温度的升高，除湿材料的除湿量和除湿速率逐渐降低，但除湿材料达到饱和除湿量的时间却在缩短。这是因为温度越高，除湿材料容湿能力越强，分子碰撞越激烈，使得除湿效果越差。除湿材料的饱和除湿量在 20 ℃时比 40 ℃时提高了 5.1 倍，可见温度对负载型改性硅胶的除湿性能影响很大。

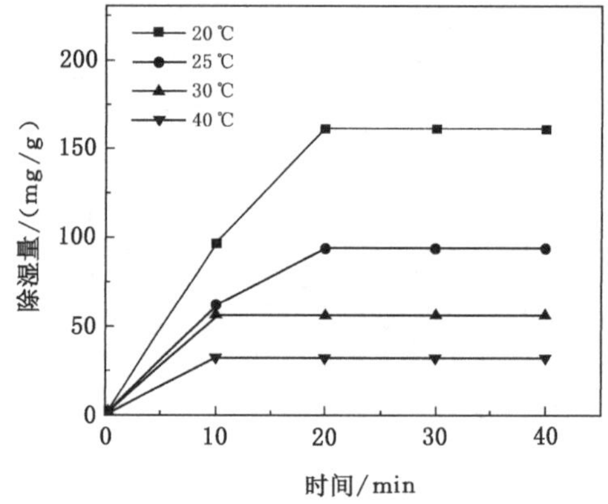


(a) 除湿量-时间曲线

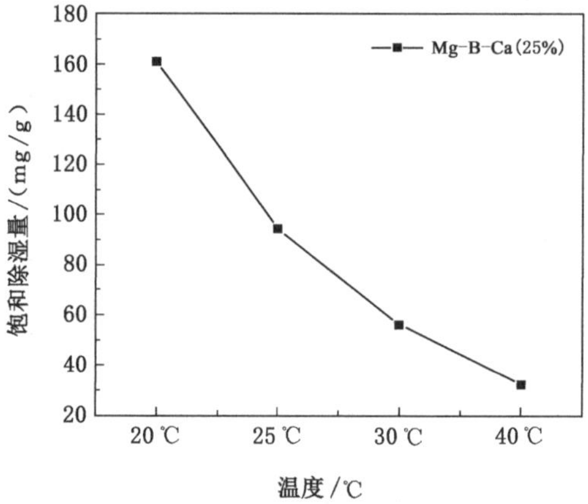


(b) 饱和除湿量-温度曲线

图 2-13　温度对负载型改性硅胶除湿性能的影响

### 2.2.2.3　风速对除湿材料性能的影响

图 2-14 所示为温度为 20 ℃、相对湿度为 70%、风速为 0.1～2.0 m/s 条件下,风速对负载型改性硅胶除湿性能的影响。实验结果表明,在较低风速条件下,除湿材料有良好的除湿效果,且随着风速的增大,除湿量和除湿效率均明显增加;但在较高风速条件下,随着风速的增大,除湿材料的除湿量和除湿效率均减小。这是因为处理空气的流速越低,湿空气与除湿材料的接触时间越长,二者之间的热质交换越充分,除湿效果好,但风速增大使两者之间的接触时间缩短,

热质交换不充分,对除湿不利,因此除湿效率降低。风速分别为 0.5 m/s 与 2.0 m/s 条件下,饱和除湿量和除湿速率分别降低了 72%和 71%。由此可见,风速是影响除湿材料除湿性能的重要参数。

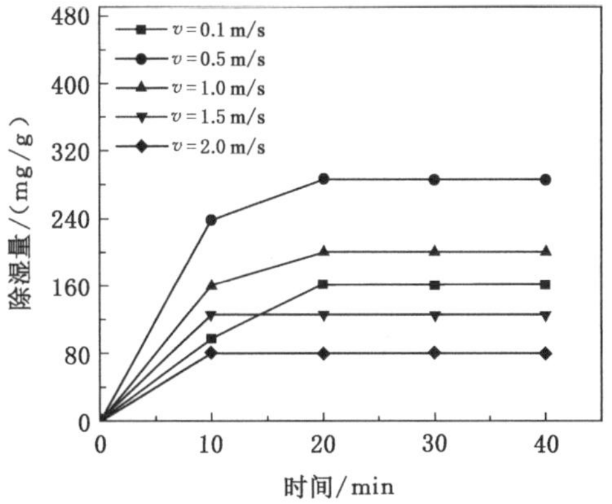


(a) 除湿量-时间曲线

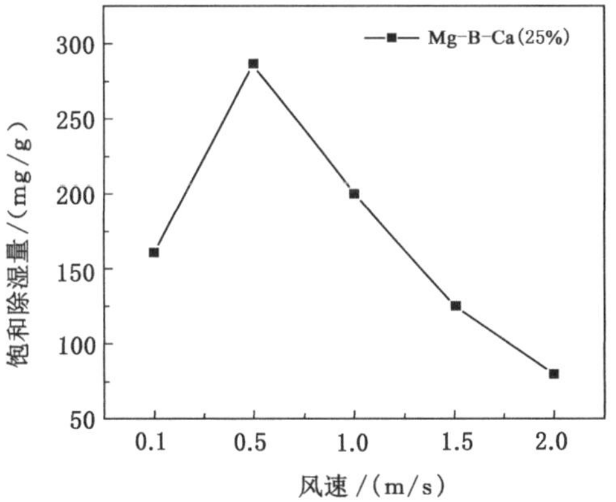


(b) 饱和除湿量-风速曲线

图 2-14 风速对负载型改性硅胶除湿性能的影响

### 2.2.3 负载型改性硅胶的再生性能

下面研究再生温度和再生次数对负载型改性硅胶除湿材料再生性能的影响,并与未改性及单一改性除湿材料进行对比。

2.2.3.1　不同除湿材料的再生性能

图 2-15 所示为 110 ℃下 3 种除湿材料的热再生曲线，从中可以看出，再生性能方面，Mg-B-Ca(25%)＞未改性＞Mg-B(25%)。未改性＞Mg-B(25%)是因为在硅胶分子内引入了 $Ca^{2+}$，$Ca^{2+}$ 具有极强的亲水性，与水发生化学反应，形成新的化学键，使再生变得困难；Mg-B-Ca(25%)＞未改性的原因可能是二次浸渍改变了硅胶表面的状态和结构，使除湿材料的再生性能变得更好。

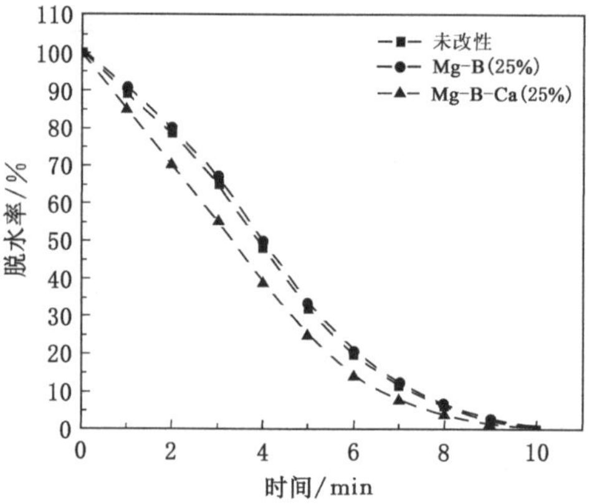


图 2-15　110 ℃下 3 种除湿材料的热再生曲线

2.2.3.2　多重吸附-解吸性能

为分析负载型改性硅胶除湿材料 Mg-B-Ca(25%)的水蒸气吸附稳定性，将吸湿后 Mg-B-Ca(25%)在 110 ℃下烘干再生 6 次，分别在温度为 20 ℃、相对湿度为 70%、风速为 0.1 m/s 环境下测试。图 2-16 所示为再生次数对负载型改性硅胶除湿材料再生性能的影响。从图 2-16 中可以看出，Mg-B-Ca(25%)经 6 次循环后，饱和除湿量略有下降，但与未再生的除湿材料相比下降趋势不明显，且逐渐趋于稳定。循环 1 次，饱和除湿量下降了 11 mg/g；循环 6 次，饱和除湿量仅下降了 23 mg/g。除湿能力下降的原因是除湿材料多次吸水并干燥，造成陶瓷纤维基体表面氯化盐部分损失。但总体上来看，该除湿材料经 6 次再生循环后饱和除湿量下降幅度不大，除湿性能依然很好，说明制得的负载型改性硅胶除湿材料 Mg-B-Ca(25%)有良好的再生性能，可反复多次使用，大大降低了成本，在工程上具有良好的应用前景。

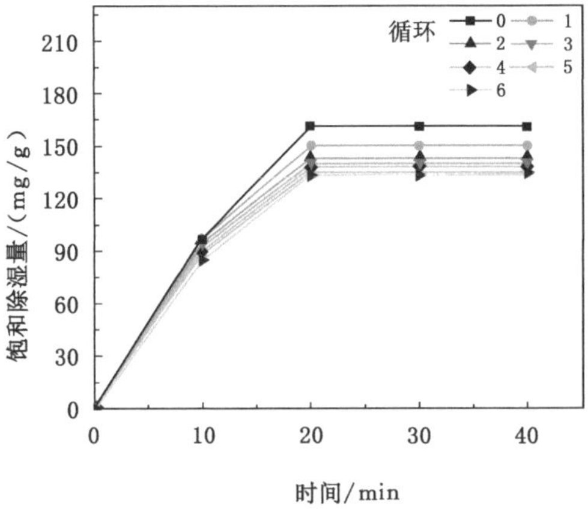


(a) 不同循环下的吸附等温线

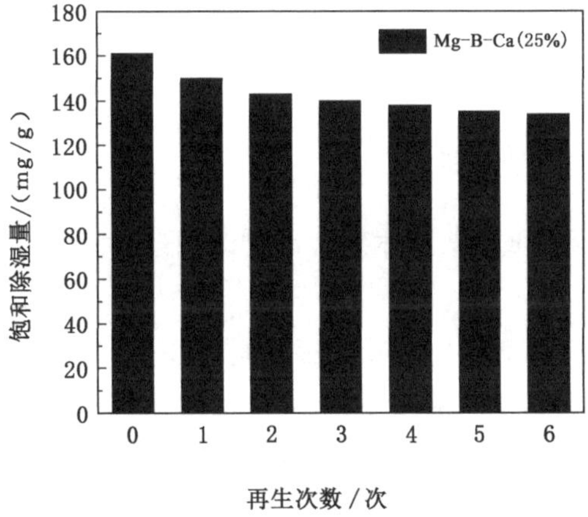


(b) 饱和除湿量-再生次数

图 2-16　再生次数对负载型改性硅胶除湿材料再生性能的影响

#### 2.2.3.3　再生温度对除湿材料再生性能的影响

图 2-17 给出了不同温度下负载型改性硅胶除湿材料 Mg-B-Ca(25%)的热再生曲线。实验结果表明,随着温度的升高,除湿材料的再生速率也逐渐提高,达到 90%脱水率所需的时间也越来越短。高温再生时,一方面水分子运动剧烈,分子做无规则运动的动能增大,蒸发越快;另一方面,部分水分子直接以液态水的形式析出,再生速率加快。温度越高,再生效果越好,但加热到高

温的代价是需用电能等高品位的能量，这样就增加了再生的能耗，除湿成本增加。

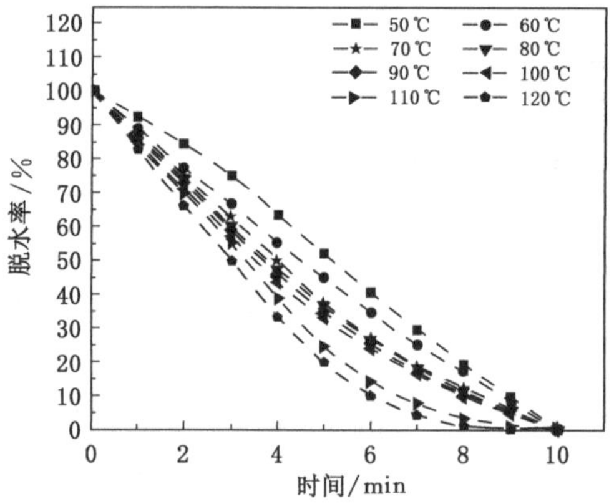


图 2-17　不同温度下负载型改性硅胶除湿材料 Mg-B-Ca(25%)的热再生曲线

### 2.2.4　负载型改性硅胶的分析

下面采用 BET 和 SEM 等技术对负载型改性硅胶除湿材料进行了分析。

2.2.4.1　BET 分析

图 2-18 所示为负载型改性硅胶除湿材料[Mg-B-Ca(25%)]的吸附-解吸等温线和 DFT 孔径分布结果。从图 2-18(a)中可以看出，除湿材料在 $N_2$(77 K)环境下的吸附-解吸曲线接近Ⅳ型吸附等温线，随着压力的增加，除湿量逐渐增大，且在 $p/p_0$ 接近 1 时趋于极限值，且吸附-脱附过程为不可逆过程，在 $p/p_0 \approx$ 0.43时形成 $H_1$ 型滞后环。孔径是逐渐变化的，原因有两个：一是吸附曲线和脱附曲线大致平行，但不是直立上升和下降；二是在相同的除湿量下，吸附压力小于脱附压力，滞后环的出现应是毛细凝结现象的结果。图 2-18(b)的结果表明，负载型改性硅胶除湿材料结构主要是 85.34 Å 的介孔，但同时还存在少量 12.69 Å的微孔。而吸附滞后的出现正是由于结构中有大量的介孔，且介孔孔径较小。B 型硅胶的平均孔径为 58 Å，比表面积为 479.8 $m^2/g$，总孔体积为 0.625 $cm^3/g$[76]。而通过 $MgCl_2$ 和 $CaCl_2$ 浸渍复合改性后，在硅胶网络里面引入了 $Mg^{2+}$ 和 $Ca^{2+}$，改变了硅胶的孔结构，使得改性硅胶的比表面积和总孔体积均相应减小，见表 2-3。

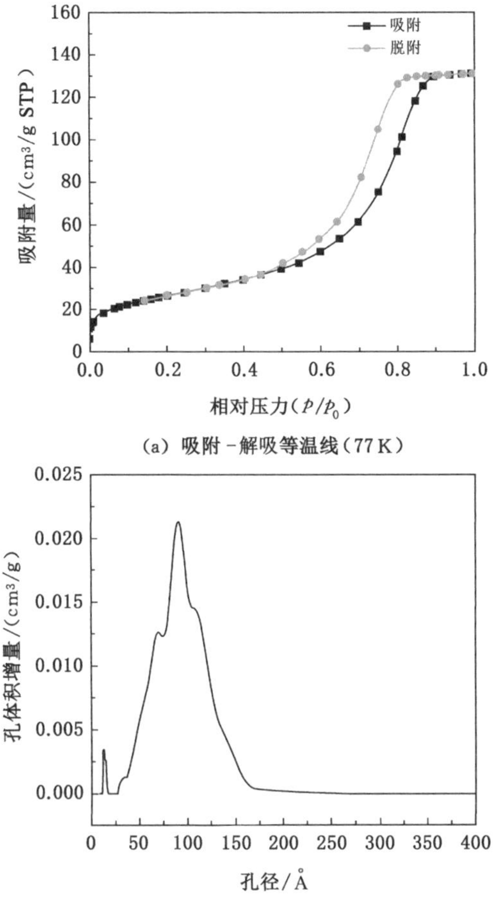


(a) 吸附-解吸等温线(77 K)

(b) DFT孔径分布

图 2-18　负载型改性硅胶除湿材料的吸附-解吸等温线和 DFT 孔径分布

**表 2-3　负载型改性硅胶除湿材料比表面积和孔结构参数**

| 材料类型 | 比表面积 $S_{BET}$/($m^2$/g) | 总孔体积 $V_{BJH}$/($cm^3$/g) | 平均孔径 $D_{ave}$/Å |
|---|---|---|---|
| B 型硅胶 | 479.8 | 0.625 | 57.7 |
| 改性硅胶 | 95.13 | 0.206 | 85.3 |

2.2.4.2　SEM 分析

图 2-19 为原始陶瓷纤维和改性硅胶除湿材料的 SEM 照片。从图 2-19(a) 中可以看出,原始陶瓷纤维网络光滑且具有很高的气孔率,气体通过时阻力较

小，因此适合作为除湿材料的载体。而从图 2-19(b)中可以看出，当经过负载以后，陶瓷纤维网络上面附着了大量的改性硅胶颗粒，获得了同时具有较大孔隙率和更高的机械强度的理想型新型除湿材料。

(a) 原始陶瓷纤维

(b) 改性硅胶除湿材料

图 2-19 原始陶瓷纤维和改性硅胶除湿材料的 SEM 照片

### 2.2.5 负载型改性硅胶的吸附动力学

利用伪一级动力模型对改性硅胶对于水蒸气的吸附行为进行研究，并估算了改性硅胶对水蒸气的吸附活化能和分子扩散系数，为评估负载型改性硅胶对水蒸气的吸附性能提供了重要依据。

#### 2.2.5.1 伪一级动力模型

负载型改性硅胶伪一级动力模型拟合结果如图 2-20 所示，拟合后的伪一级动力学方程参数见表 2-4。

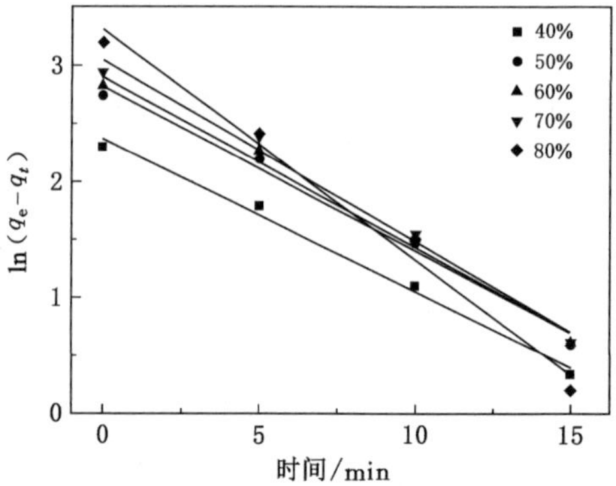


图 2-20 负载型改性硅胶伪一级动力模型拟合结果

表 2-4 负载型改性硅胶伪一级动力学方程参数

| RH/% | 实测 $q_e$ /(mg/g) | 伪一级动力模型 | | |
|---|---|---|---|---|
| | | $k_1$ | 模型 $q_e$/(mg/g) | $R^2$ |
| 40 | 83 | 0.132 | 83.13 | 0.988 |
| 50 | 136 | 0.142 | 138.3 | 0.983 |
| 60 | 143 | 0.147 | 145.3 | 0.985 |
| 70 | 161 | 0.156 | 163.9 | 0.985 |
| 80 | 191 | 0.198 | 196.5 | 0.980 |

由图 2-20 和表 2-4 可知，伪一级动力模型最小相关系数为 0.980，因此水蒸气在负载型改性硅胶上的吸附过程符合伪一级动力模型。对于伪一级动力模型，$k_1$ 越大，吸附速率越大，即湿度越大，$k_1$ 越大，吸附速率越快，与实验测得的数据相符，且实验和模型拟合的平衡除湿量基本吻合，因此，可以用伪一级动力模型预测改性硅胶的动态除湿特性以及水蒸气在改性硅胶上的吸附过程。

2.2.5.2 分子扩散系数和吸附活化能

图 2-21 所示为相对湿度为 70%，不同温度下水蒸气在负载型改性硅胶上的吸附动力学曲线。实验表明，水蒸气在改性硅胶上吸附速率与温度呈正相关关系，吸附平衡时间与温度呈负相关关系。

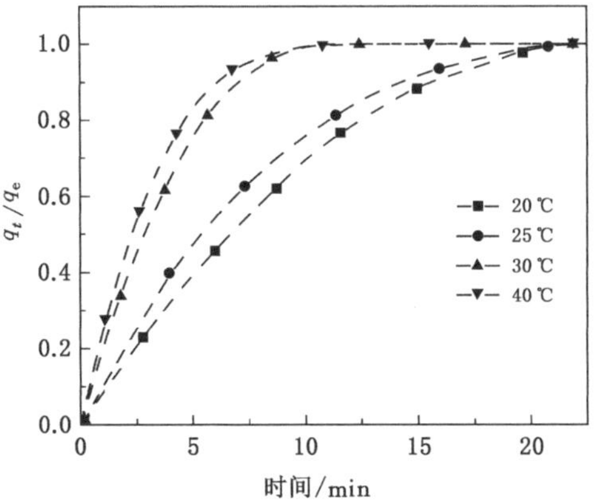


图 2-21 不同温度下水蒸气在负载型改性硅胶上的吸附动力学曲线(RH=70%)

(1) 分子扩散系数

负载型改性硅胶的分子扩散系数方程拟合曲线如图 2-22 所示，拟合参数中的扩散时间常数($D_M/r_c^2$)和扩散系数($D_M$)的拟合结果列于表 2-5。从表 2-5 中可以看出，随着温度从 20 ℃升高到 40 ℃，水蒸气在改性硅胶上的扩散系数也随之增大，说明水蒸气在改性硅胶上的扩散是一个活化过程。扩散时间常数为 $(1.26\sim1.80)\times10^{-4}\ s^{-1}$，分子扩散系数为 $(31.45\sim45.10)\times10^{-10}\ cm^2/s$(假设改性硅胶的直径为 50 μm)。

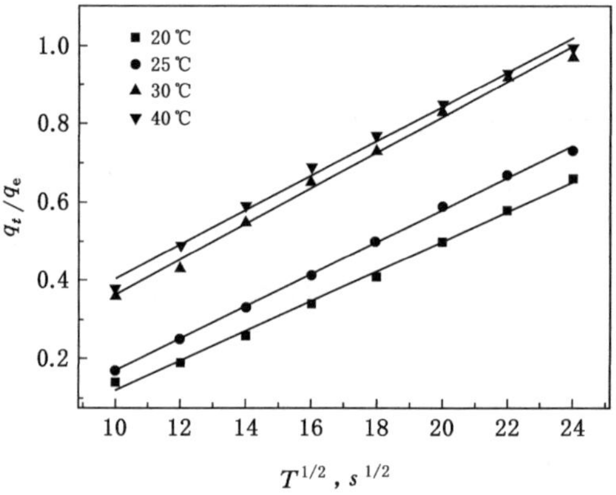


图 2-22　负载型改性硅胶分子扩散系数方程拟合曲线

**表 2-5　负载型改性硅胶的分子扩散系数拟合参数**

| 温度/℃ | $(D_M/r_c^2)/(10^{-4}\ s^{-1})$ | $D_M/(10^{-10}\ cm^2/s)$ | $R^2$ |
|---|---|---|---|
| 20 | 1.26 | 31.45 | 0.996 |
| 25 | 1.39 | 34.70 | 0.998 |
| 30 | 1.52 | 37.90 | 0.993 |
| 40 | 1.80 | 45.10 | 0.993 |

(2) 吸附活化能

负载型改性硅胶吸附活化能方程拟合曲线如图 2-23 所示。从图中可以看出，在 20～40 ℃范围内，相关系数为 0.996，拟合结果良好，吸附活化能 $E_a$ 约为 13.72 kJ/mol，属于活化扩散。

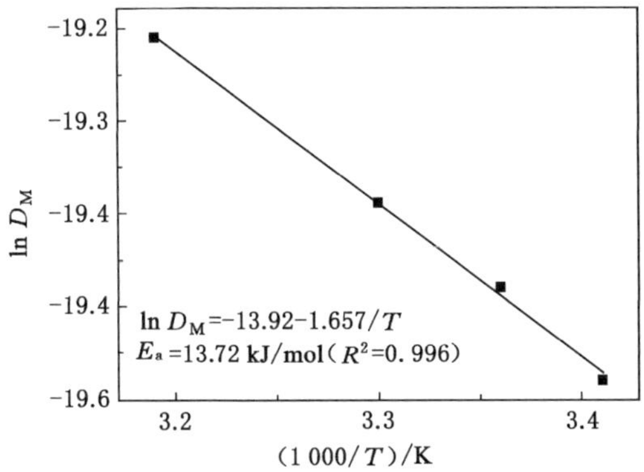


图 2-23　负载型改性硅胶吸附活化能方程拟合曲线

## 2.3　金属有机框架材料/陶瓷纤维纸的性能研究

选择陶瓷纤维纸(CFP)作为载体，并通过刷涂法制备了金属有机框架材料/陶瓷纤维纸(MIL-101/CFP)除湿材料。下面研究 MIL-101/CFP 除湿材料的除湿性能和再生性能，将结果与传统除湿材料进行了比较，并通过 BET、SEM、PXRD 和 TG 等技术对其性能进行了分析，同时研究了 MIL-101/CFP 的吸附相平衡(吸附-解吸等温线、除湿性能、再生循环性能、等量吸附热)和吸附动力学(吸附动力学曲线、吸附活化能、分子扩散系数)。

### 2.3.1　金属有机框架材料/陶瓷纤维纸的制备

MIL-101/CFP 的涂覆率可通过式(2-10)计算：

$$C=\frac{m_{M}}{m_{CFP}}\times 100\% \tag{2-10}$$

式中　$C$——MIL-101(Cr)对 CFP 的涂覆率，%；

$m_M$——MIL-101(Cr)的质量，g；

$m_{CFP}$——CFP 的质量，g。

在本实验中，分别使用了涂覆率为 60%、70%、80% 和 90% 的 4 种 MIL-101/CFP，分别记为 MIL-101/CFP-60、MIL-101/CFP-70、MIL-101/CFP-80 和 MIL-101/CFP-90。4 种 MIL-101/CFP 具体参数见表 2-6。

**表 2-6　4 种 MIL-101/CFP 的参数**

| 样品 | $m_M$/g | $m_{CFP}$/g | C/% |
|---|---|---|---|
| MIL-101/CFP-60 | 0.090 | 0.150 | 60 |
| MIL-101/CFP-70 | 0.105 | 0.150 | 70 |
| MIL-101/CFP-80 | 0.120 | 0.150 | 80 |
| MIL-101/CFP-90 | 0.135 | 0.150 | 90 |

### 2.3.2　金属有机框架材料/陶瓷纤维纸的分析和评价

采用动态吸附法，在恒温恒湿空调小室温度为 20～50 ℃、相对湿度为 50%～90%、风速为 0.1～3 m/s 的工况下，对 MIL-101/CFP 的除湿性能进行测定。利用恒温干燥箱来测定 MIL-101/CFP 的脱附性能；使用 BET 技术测量 MIL-101/CFP 的比表面积和孔体积，并在液氮(77 K)下获得 $N_2$ 吸附-解吸等温线；通过 SEM 分析 MIL-101/CFP 的晶体形貌和颗粒尺寸分布；采用 XRD 技术测量 MIL-101/CFP 的晶体结构和尺寸；采用 TG 技术分析 MIL-101/CFP 的热重行为。

选取传统除湿材料进行对比，传统硅胶除湿材料是用于转轮除湿机负载于陶瓷纤维纸的硅胶除湿材料(SG/CFP)。从蜂窝状 SG/CFP 中取出板状样品，用于转轮除湿机的带有蜂窝状陶瓷纤维纸的传统除湿材料(SG/CFP)如图 2-24 所示。将 SG/CFP 样品切成与 MIL-101/CFP 面积和厚度相同的正方形。

图 2-24　传统除湿材料(SG/CFP)

运用 BET、SEM、XRD 以及 TG 等技术对 MIL-101/CFP 和 CFP 进行分析，可为 MIL-101/CFP 的制备方法及其性能的评价提供必要的依据。

2.3.2.1 孔隙结构分析

图 2-25 所示为不同涂覆率的 MIL-101/CFP 的孔径分布。不同涂覆率的 MIL-101/CFP 的孔径分布曲线具有相似的形状。MIL-101/CFP 的孔径集中在 2~50 nm，处于中孔范围内。表 2-7 列出了不同涂覆率的 MIL-101/CFP 和 CFP 的孔结构参数，随着涂覆率的增大，比表面积和总孔体积增大，而平均孔径先减小然后增大，其中 MIL-101/CFP-70 的平均孔径较小。这是因为随着涂覆率的增大，越来越多的 MIL-101 进入 CFP 内部，比表面积和总孔体积增大。与其他 3 个 MIL-101/CFP 相比，MIL-101/CFP-70 具有最大的微孔体积和最小的孔径，这表明 MIL-101/CFP-80 和 MIL-101/CFP-90 的大多数微孔均被堵塞。CFP 的比表面积较小，为 12.79 $m^2/g$，孔径较大，为 4.52 nm，无微孔。

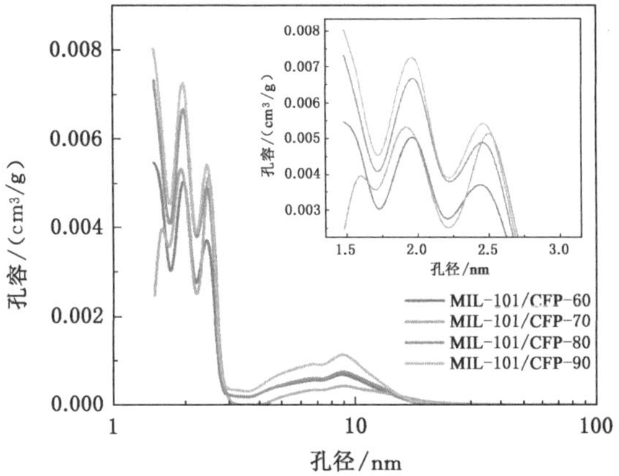


图 2-25 不同涂覆率的 MIL-101/CFP 的孔径分布

**表 2-7 不同涂覆率的 MIL-101/CFP 和 CFP 的孔结构参数**

| 样品 | 比表面积 /($m^2/g$) | 总孔体积 /($cm^3/g$) | 微孔体积 /($cm^3/g$) | 微孔与总孔体积比/% | 平均孔径/nm |
|---|---|---|---|---|---|
| MIL-101/CFP-60 | 234.94 | 0.185 | 0.014 | 7.57 | 3.16 |
| MIL-101/CFP-70 | 288.61 | 0.185 | 0.031 | 16.76 | 2.52 |
| MIL-101/CFP-80 | 302.08 | 0.223 | 0.026 | 11.66 | 2.96 |
| MIL-101/CFP-90 | 346.30 | 0.279 | 0.019 | 6.81 | 3.22 |
| CFP | 12.79 | 0.014 | — | — | 4.52 |

2.3.2.2　扫描电子显微镜(SEM)分析

图 2-26 显示了不同涂覆率的 4 种 MIL-101/CFP 的 SEM 照片。从图中可以看出 MIL-101 晶体通过刷涂法渗透到各个纤维结构的内部。当涂覆率低时，MIL-101 晶体不能完全覆盖 CFP，因此，可以更清楚地看到 CFP 纤维。当涂覆率高时，MIL-101/CFP 的表面被完全覆盖，并且没有观察到纤维。MIL-101 主要分布在 CFP 的孔结构中。因此，CFP 适合作为载体。

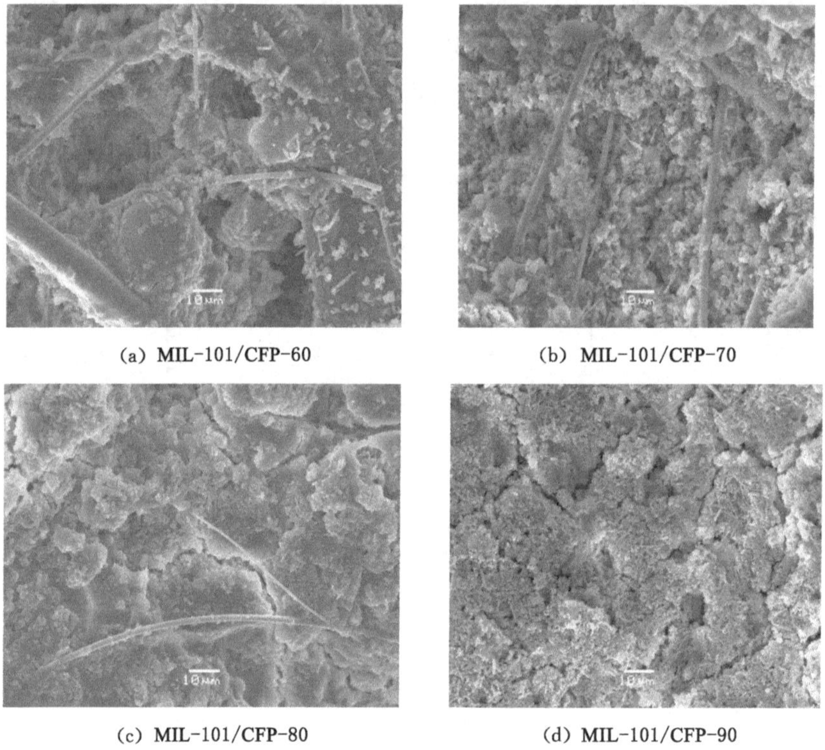

(a) MIL-101/CFP-60　(b) MIL-101/CFP-70

(c) MIL-101/CFP-80　(d) MIL-101/CFP-90

图 2-26　不同涂覆率的 4 种 MIL-101/CFP 的 SEM 照片

2.3.2.3　X 射线粉末衍射(PXRD)分析

由于具有不同涂覆率的 MIL-101/CFP 通过 PXRD、TG 和 $N_2$ 吸附-解吸等温线显示出非常相似的结果，因此仅描述 MIL-101/CFP-70。图 2-27 为 MIL-101/CFP-70 和 MIL-101 的 X 射线粉末衍射(PXRD)图。从图中可以看出，2 个明显的特征峰分别位于 8.4 °和 9.2 °。结果表明，所制备的 MIL-101 纯度高，并且刷涂不影响 MIL-101 的结构。

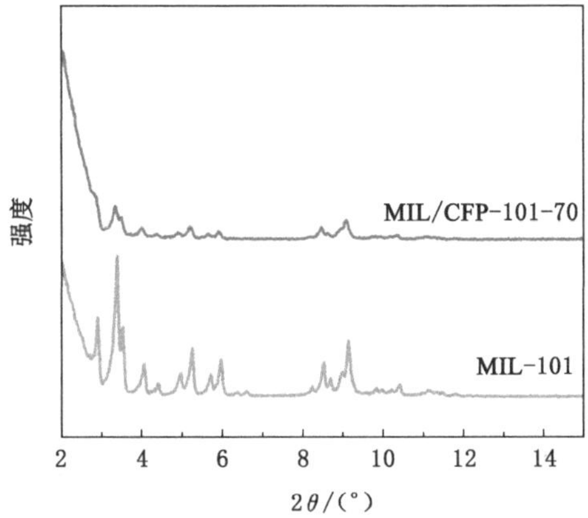


图 2-27 MIL-101/CFP-70 和 MIL-101 的 X 射线粉末衍射(PXRD)图

2.3.2.4 热重(TG)分析

图 2-28 为 MIL-101/CFP-70 的热重分析图。在 25～74 ℃范围内,随着温度的升高,MIL-101/CFP-70 的质量(TG)迅速降低,原因在于温度升高游离水迅速损失。在 74～400 ℃范围内,MIL-101/CFP-70 的质量随着温度的升高而缓慢降低,MIL-101/CFP-70 的质量损失与游离水和结合水的流失有关。400 ℃以上的失重与 OH/F 基团的失去和框架的分解有关,MIL-101/CFP-70 的质量随着温度的升高而迅速降低。TG 分析结果表明,MIL-101/CFP-70 具有令人满意的热稳定性和水热稳定性。从失重率(DTG)曲线可以看出,最大失重率出现在 74 ℃处,因此 MIL-101/CFP-70 在相对较低的温度下很容易解吸水分。

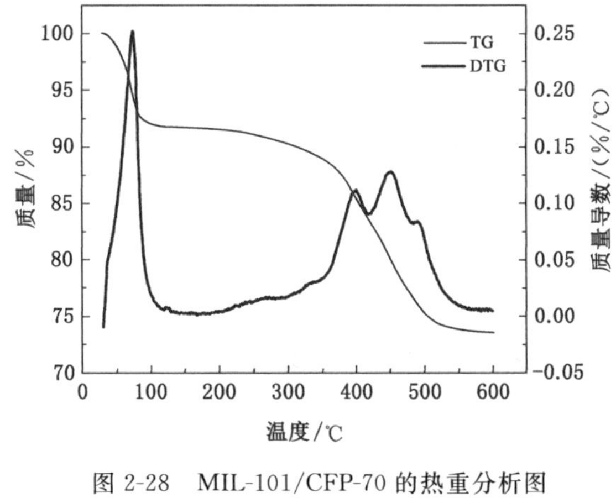


图 2-28 MIL-101/CFP-70 的热重分析图

2.3.2.5 吸附等温线($N_2$)

图 2-29 为 CFP 的 $N_2$ 吸附-解吸等温线图。从图中可以看到,由于 CFP 的表面积小、孔径大,因此吸附能力相对较差。吸附等温线不属于吸附等温线分类的 6 种类型。且随着压力的降低,脱附支下降且在相对压力 $p/p_0$ 为 0.65 处与吸附支相交,在相对压力低于 0.65 的范围内,脱附支始终低于吸附支且不闭合。脱附支低于吸附支的原因有两个:一是在实验过程中液氮液面逐渐下降,使得样品所处的环境温度升高;二是样品在低温液氮下发生了结构坍塌。吸附等温线吸附支和脱附支不闭合的原因可能是 CFP 具有细颈和广体的管子或墨水瓶形状的孔,且大部分孔径分布在 2~10 nm,这与实验测得 CFP 中孔结构的孔径为 4.52 nm 相符合。CFP 是一种疏水性物质,几乎不吸收水[77]。

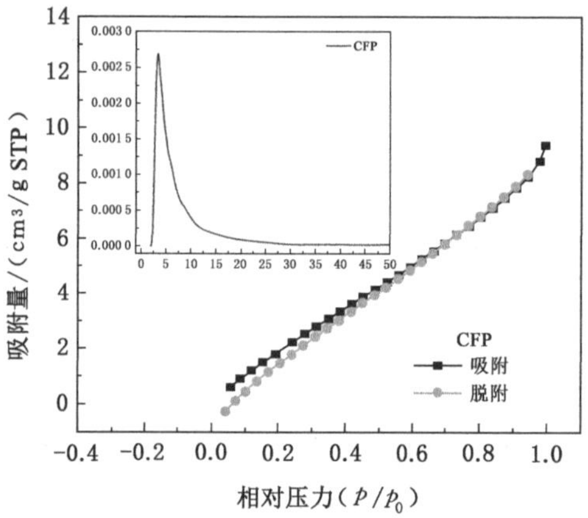


图 2-29 CFP 的 $N_2$ 吸附-解吸等温线

图 2-30 为 MIL-101/CFP-70 的 $N_2$ 吸附-解吸等温线图。MIL-101/CFP-70 是Ⅳ型吸附等温线。较高压力下的磁滞回线($p/p_0>0.6$)表明 MIL-101/CFP-70 是介孔材料,与孔径分布结果一致。该类型在 $p/p_0$ 为 0.2 处时为吸附拐点,当 $p/p_0<0.2$ 时发生单层吸附,吸附曲线迅速上升。当 $0.2<p/p_0<0.6$ 时,发生多层吸附,吸附曲线缓慢上升。当 $p/p_0>0.6$ 时,发生毛细管凝聚,且产生吸附滞后现象,同时吸附曲线迅速上升。

### 2.3.3 金属有机框架材料/陶瓷纤维纸的除湿性能

选择陶瓷纤维纸(CFP)作为载体,以 MIL-101(Cr)为研究对象,以硅溶胶为黏合剂,通过刷涂法制备 MIL-101/CFP 除湿材料,在各种相对湿度、温度和风

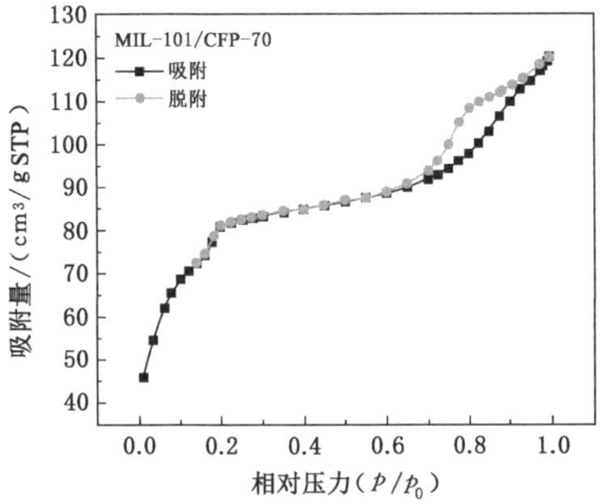


图 2-30　MIL-101/CFP-70 的 $N_2$ 吸附-解吸等温线

速条件下，研究了 MIL-101/CFP 除湿材料的除湿性能，并将结果与传统除湿材料(SG/CFP)进行了比较。

2.3.3.1　涂覆率对 MIL-101/CFP 除湿性能的影响

MIL-101/CFP 除湿性能的测试是在空调小室中进行的。测试条件：相对湿度为 70%、温度为 20 ℃、风速为 0.1 m/s。图 2-31 所示为不同涂覆率的 MIL-101/CFP 和 SG/CFP 的动态除湿曲线。如图 2-31 所示，除湿量首先随着涂覆率的增大而增加，然后减小。当涂覆率为 70%时，可获得最佳的除湿量和除湿率，MIL-101/CFP-70 的平衡除湿量为 243 mg/g，明显高于 SG/CFP 的平衡除湿量。后续研究将选择 MIL-101/CFP-70 作为研究对象。

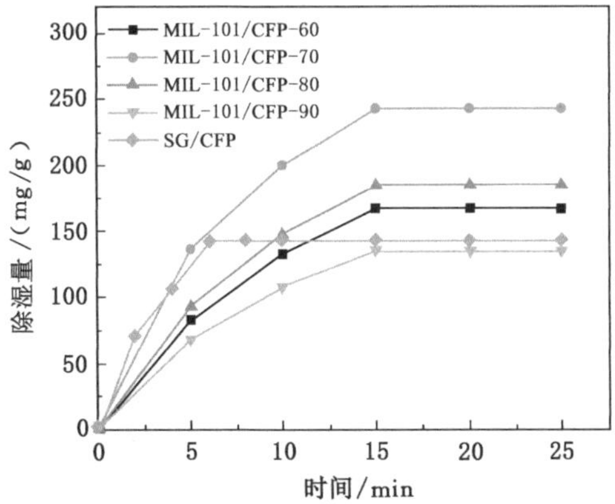


图 2-31　不同涂覆率的 MIL-101/CFP 和 SG/CFP 的动态除湿曲线

2.3.3.2　相对湿度对除湿材料性能的影响

图 2-32 所示为温度为 20 ℃、风速为 0.1 m/s 条件下，相对湿度对 MIL-101/CFP-70 除湿性能的影响。随着相对湿度从 50％增加到 90％，除湿量和除湿率都随之增加，且均在 15 min 后达到平衡。原因是较高的相对湿度会导致较高的水蒸气驱动力分压。与传统除湿材料相比，即使相对湿度为 50％时，MIL-101/CFP-70 也具有较高的平衡除湿量(177 mg/g)。因此，MIL-101/CFP-70 可用于高湿度和中湿度的环境。以 RH＝80％和 RH＝50％为例，MIL-101/CFP-70 的平衡除湿量分别为 275 mg/g 和 177 mg/g。

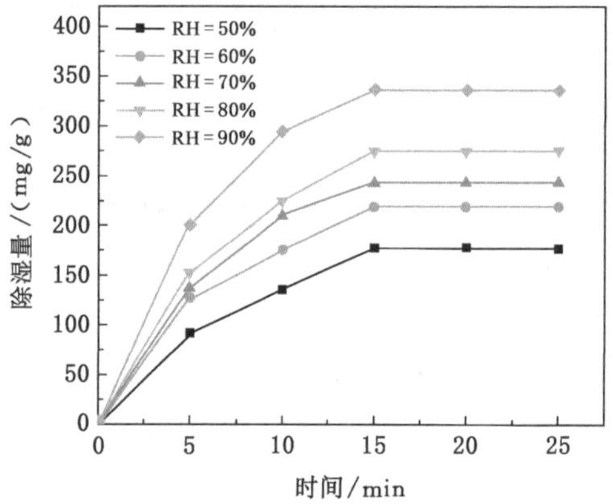


图 2-32　相对湿度对 MIL-101/CFP-70 的平衡除湿性能的影响

2.3.3.3　温度对除湿材料性能的影响

图 2-33 所示为相对湿度为 70％、风速为 0.1 m/s 条件下，温度对 MIL-101/CFP-70 除湿性能的影响。从图中可以看出，温度越高，MIL-101/CFP-70 达到平衡的时间越短。随着环境温度从 20 ℃升高到 50 ℃，除湿量和除湿率都会降低。主要原因是 MIL-101/CFP-70 对水蒸气的吸附是物理吸附，温度升高反而不利于除湿。

2.3.3.4　风速对除湿材料性能的影响

图 2-34 所示为温度为 20 ℃、相对湿度为 70％条件下，风速对 MIL-101/CFP-70 的除湿性能的影响。从图中可以看出，当风速为 2.0 m/s 且除湿时间在 0～5 min 时，MIL-101/CFP-70 的除湿速率表现出最佳性能。这可能是因为高空气流速可以实现高传质系数[78]。因此，在实际应用中以 MIL-101/CFP-70 为除湿材料的转轮除湿机的旋转速度应尽可能小，以保证高除湿量。

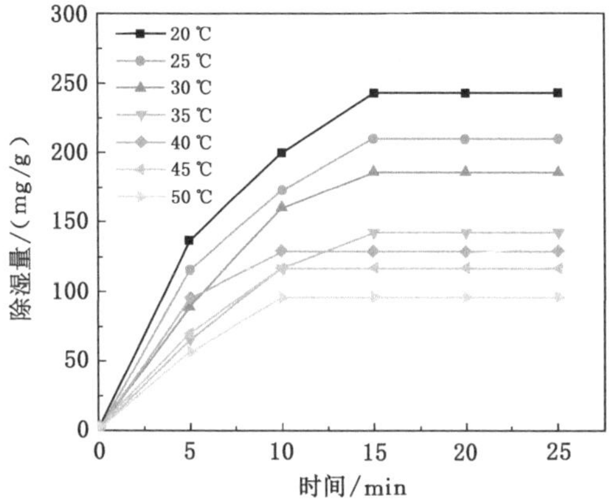


图 2-33　温度对 MIL-101/CFP-70 的除湿性能的影响

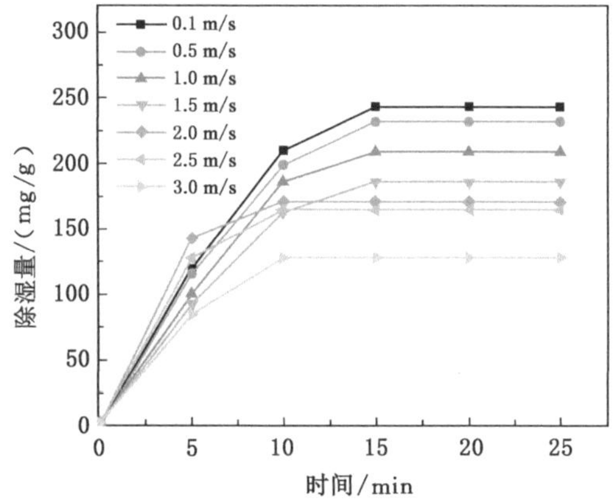


图 2-34　风速对 MIL-101/CFP-70 的除湿性能的影响

### 2.3.4　金属有机框架材料/陶瓷纤维纸的再生性能

图 2-35 所示为 MIL-101/CFP-70 的除湿再生循环。除湿过程是在相对湿度为 70%、温度为 20 ℃、风速为 0.1 m/s 条件下进行的，再生过程则是在 100 ℃ 的加热条件下进行的，由于 MIL-101/CFP-70 的质量不再变化，所以 10 min 时停止再生。实验结果表明：第 6 次循环相比第 1 次循环的除湿能力仅仅有 12 mg/g 的微小差异，因此，MIL-101/CFP-70在测试条件下具有优异的除湿能力可逆性和较高的除湿再生率。高的除湿再生率可以加快转轮除湿机的旋转周期，从而提高除湿性能。

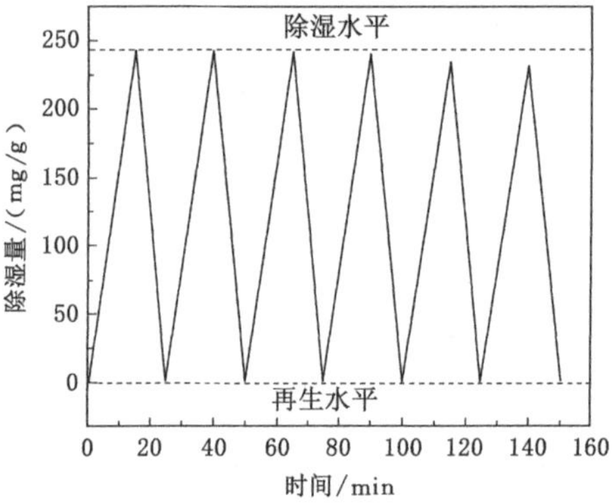


图 2-35 MIL-101/CFP-70 的除湿再生循环

### 2.3.5 金属有机框架材料/陶瓷纤维纸的吸附动力学

利用伪一级动力模型和伪二级动力学模型对 MIL-101/CFP-70 对水蒸气的吸附行为进行研究,并计算了 MIL-101/CFP-70 对水蒸气的吸附活化能和分子扩散系数,为评估 MIL-101/CFP-70 对水蒸气的吸附性能提供了重要依据。

#### 2.3.5.1 伪一级动力模型和伪二级动力模型

MIL-101/CFP-70 伪一级动力模型和伪二级动力模型拟合结果如图 2-36 和图 2-37 所示,拟合参数见表 2-8。从表 2-8 中可知,伪一级动力模型的相关系数平均值(0.994)要高于伪二级动力模型的相关系数平均值(0.856),伪一级动力模型更符合 MIL-101/CFP-70 对水蒸气的吸附过程。比较两种模型拟合计算的除湿量,伪一级动力模型所计算的除湿量更接近实际所测得的除湿量。因此,伪一级动力模型适合预测 MIL-101/CFP-70 的除湿特性。

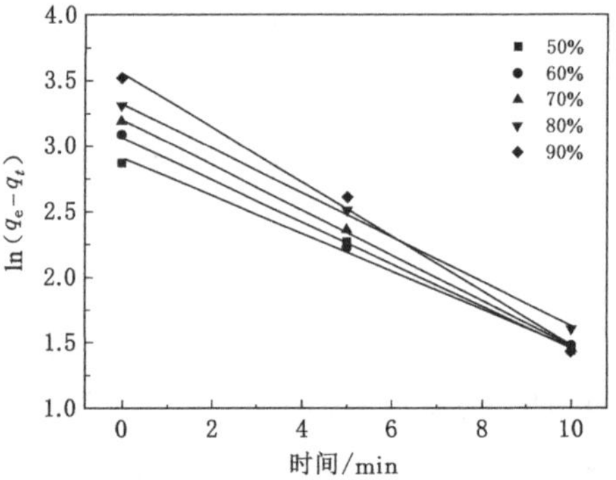


图 2-36 MIL-101/CFP-70 伪一级动力模型拟合结果

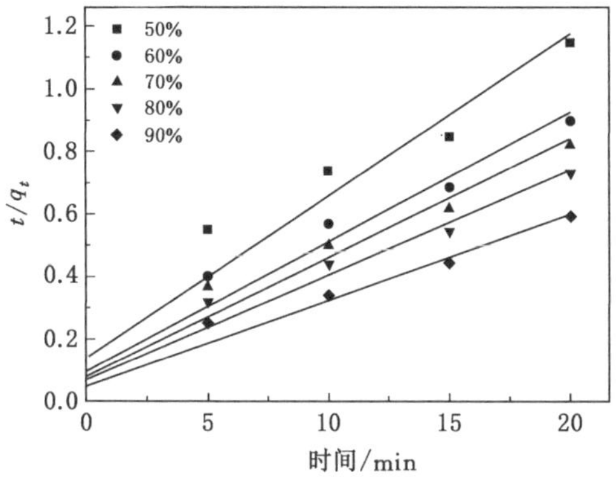


图 2-37 MIL-101/CFP-70 伪二级动力模型拟合结果

**表 2-8 MIL-101/CFP-70 伪一级动力模型和伪二级动力模型拟合参数**

| RH/% | 实测 $q_e$ | 伪一级动力模型 | | | 伪二级动力模型 | | |
|---|---|---|---|---|---|---|---|
| | | $k_1$ | 模型 $q_e$ | $R^2$ | $k_2$ | 模型 $q_e$ | $R^2$ |
| 50 | 177 | 0.143 | 183 | 0.990 | 0.200 0 | 1 923 | 0.824 |
| 60 | 219 | 0.161 | 215 | 0.995 | 0.018 5 | 240 | 0.931 |
| 70 | 243 | 0.173 | 246 | 0.998 | 0.017 2 | 263 | 0.935 |
| 80 | 275 | 0.175 | 278 | 0.997 | 0.016 2 | 297 | 0.800 |
| 90 | 336 | 0.208 | 340 | 0.990 | 0.015 2 | 363 | 0.788 |

#### 2.3.5.2 分子扩散系数和吸附活化能

应用颗粒内扩散模型计算水蒸气在除湿材料上的分子扩散系数，吸附活化能根据 Arrhenius 方程求得。图 2-38 所示为 MIL-101/CFP-70 的吸附动力学曲线(RH=70%)。实验结果表明，水蒸气在 MIL-101/CFP-70 上的吸附速率与吸附温度呈正相关关系，吸附平衡时间与吸附温度呈负相关关系。

(1) 分子扩散系数

MIL-101/CFP-70 分子扩散系数方程拟合结果见图 2-39，扩散时间常数和扩散系数列于表 2-9。从表 2-9 中可以看出，在 20～50 ℃的范围内，水蒸气在 MIL-101/CFP-70 上的扩散系数与温度呈正相关关系，说明水蒸气在 MIL-101/CFP-70 上的扩散是一个活化过程。其中扩散时间常数为(1.71～2.41)×$10^{-4}$ $s^{-1}$，扩散系数为(1.71～2.41)×$10^{-10}$ $cm^2/s$(假设 MIL-101/CFP-70 的直径为 10 μm)。

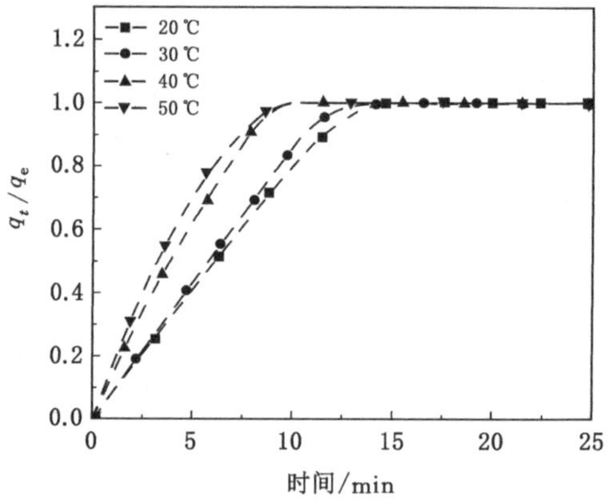


图 2-38 MIL-101/CFP-70 的吸附动力学曲线(RH=70%)

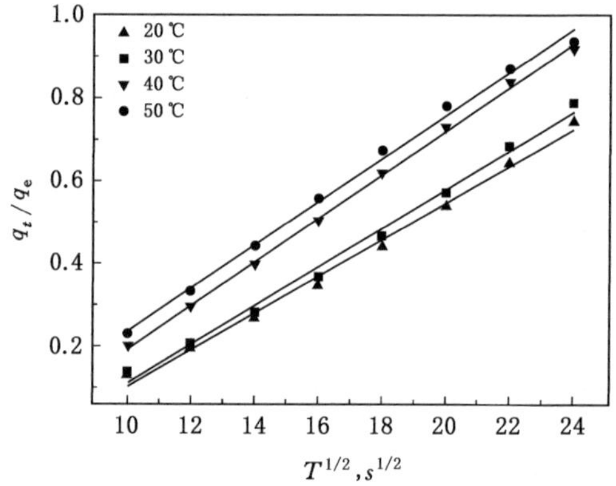


图 2-39 MIL-101/CFP-70 分子扩散系数方程拟合结果

**表 2-9 MIL-101/CFP-70 的扩散系数和扩散时间常数**

| 温度/℃ | $(D_M/r_c^2)/(10^{-4}\ s^{-1})$ | $D_M/(10^{-10}\ cm^2/s)$ | $R^2$ |
|---|---|---|---|
| 20 | 1.71 | 1.71 | 0.992 |
| 30 | 1.79 | 1.79 | 0.991 |
| 40 | 2.33 | 2.33 | 0.998 |
| 50 | 2.41 | 2.41 | 0.995 |

(2) 吸附活化能

MIL-101/CFP-70 吸附活化能方程拟合结果如图 2-40 所示，图 2-40 给出了水蒸气在 MIL-101/CFP-70 上 ln $D_M$ 对 1/$T$ 的 Arrhenius 拟合曲线。由图 2-40 可知在 20～50 ℃范围内，拟合结果良好($R^2$=0.996)，水蒸气在 MIL-101/CFP-70 上的吸附活化能 $E_a$ 约为 9.71 kJ/mol，属于活化扩散。

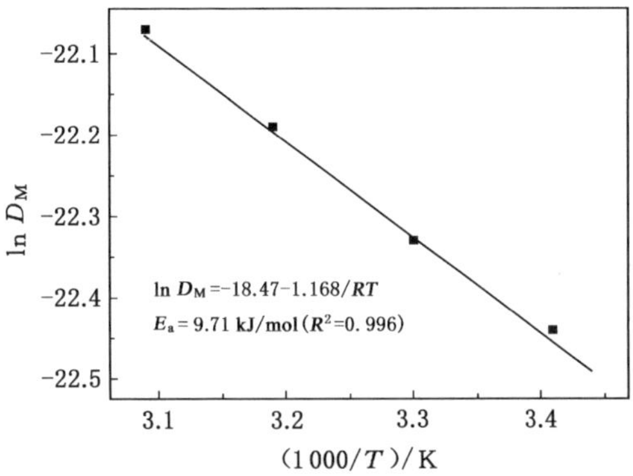


图 2-40 MIL-101/CFP-70 吸附活化能方程拟合结果

### 2.3.6 金属有机框架材料/陶瓷纤维纸上的吸附相平衡

吸附等温线是评价 MIL-101/CFP-70 吸附性能的重要参数，本小节主要测定了 MIL-101/CFP-70 对水蒸气的吸附相平衡，其中包括水蒸气吸附等温线和等量吸附热，为评估 MIL-101/CFP-70 对水蒸气的吸附性能提供了重要数据。

#### 2.3.6.1 吸附等温线

图 2-41 所示为 MIL-101/CFP-70 的水蒸气吸附等温线。从图中可以看出，MIL-101/CFP-70 的水蒸气吸附等温线不属于吸附等温线分类的 6 种类型。其原因是 MIL-101/CFP-70 对水蒸气的吸附除了 MIL-101 以外，硅溶胶也起着作用，因此水蒸气的吸附等温线是由 MIL-101 和硅溶胶的相互作用决定的。所使用的碱性硅溶胶的比表面积为 230 $m^2/g$，平均孔径为 10～20 nm，密度为 1 200 $kg/m^3$，二氧化硅含量为 30%。硅溶胶的水蒸气吸附等温线是Ⅰ型到Ⅳ型之间的曲线[79]。MIL-101(Cr)的水蒸气吸附能力比硅溶胶的水蒸气吸附能力高 4.0～6.0 倍[34]，因此少量硅溶胶的添加对 MIL-101/CFP-70 的吸附能力有轻微的影响。结果表明，当相对湿度小于 40%时，MIL-101/CFP-70 的除湿能力相对较低，而相对湿度大于 50%时，由于发生毛细管凝结，MIL-101/CFP-70 的除湿能力明显增强。

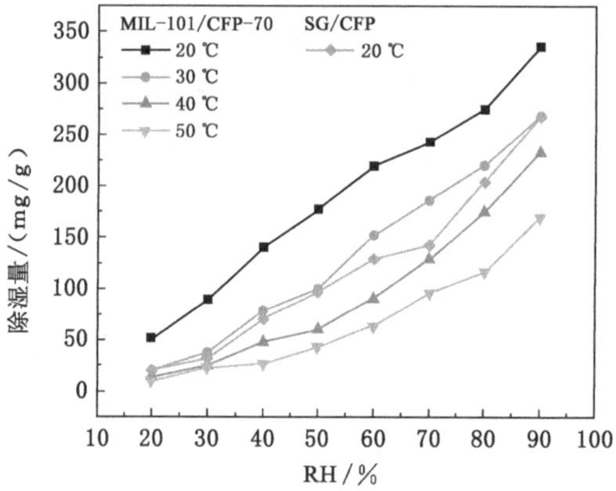


图 2-41 MIL-101/CFP-70 的水蒸气吸附等温线

2.3.6.2 等量吸附热

将吸附等温线以 ln $p$ 对 $1/T$ 作图，转换成等量吸附线，如图 2-42 所示。对等量吸附线拟合求得斜率即可求得等量吸附热 $\Delta H$。

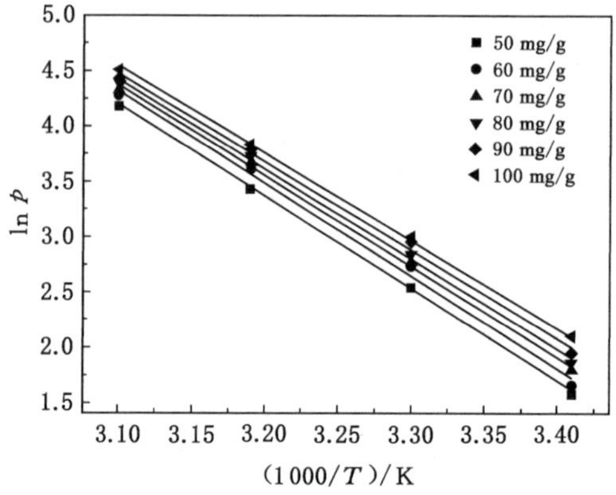


图 2-42 MIL-101/CFP-70 的等量吸附线

等量吸附热是由吸附等温线的梯度所决定的。MIL-101/CFP-70 的等量吸附热随除湿量的变化见图 2-43。从图中可以看出，等量吸附热随着除湿量的增加而降低。这是因为在除湿过程中，MIL-101/CFP-70 的除湿能力随着强活性吸附点位被水占据而逐渐消耗。在不同的除湿量下，等量吸附热从 65.68 kJ/mol 增加到

69.75 kJ/mol,但变化不大,说明 MIL-101/CFP-70 表面是均匀的。

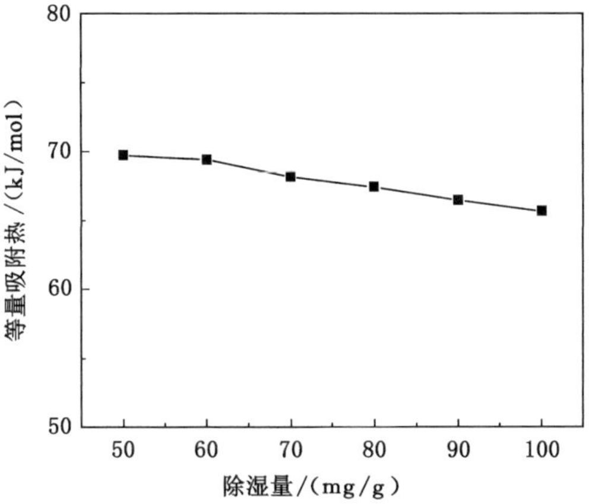


图 2-43 MIL-101/CFP-70 的等量吸附热随除湿量的变化

# 第3章 转轮除湿机

## 3.1 数学模型

转轮除湿机的核心部件是一个不断转动的蜂窝状吸附转轮。吸附转轮由特殊复合耐热材料制成的波纹状介质所构成，波纹状介质中载有吸附材料，吸附材料为高效活性硅胶。硅胶通过其孔隙与周围空气中水蒸气的压力差实现吸附除湿，吸附除湿过程为物理吸附[80]。物理吸附过程的吸附热与蒸汽凝结成液体释放出的冷凝热相当[81]。吸附转轮进风面的波纹状通道很多，为了简化模型且使计算方便，模拟只研究单个波纹状通道的传热传质。

转轮除湿机的波纹状通道分为空气通道和吸附剂层。在除湿过程中，湿空气进入空气通道，吸附剂层吸附湿空气中的水分子，并产生吸附热；在再生过程中，高温空气从反方向进入空气通道，吸附剂层吸附的水分子在高温状态下被脱附散失到空气中。转轮除湿机空气侧和吸附剂侧的除湿和再生过程需要耦合流体流动、传热、流体和气体的传输三种物理效应。因此，建立单个波纹状通道物理模型并假定：

① 吸附转轮的波纹状通道均匀一致。

② 吸附材料各向同性，且厚度相同。

③ 忽略吸附材料孔隙表面的吸附势能。

④ 忽略吸附材料基质中结合水的存在。

⑤ 蒸汽和空气的扩散率为常数。

⑥ 进口空气均匀地流过每个波纹状通道。

⑦ 硅胶的脱附热近似等于吸附热。

⑧ 干空气、水蒸气和液态水的物性参数为定值。

单个波纹状通道物理模型如图 3-1 所示，空气通道与吸附剂层如图 3-2 所示。由于只研究单个波纹状通道，针对波纹状通道出口温、湿度周期性变化规律研究的关键点在于左右侧进出口边界条件设置。研究的基体转速为 12 r/h，空气流向为相反流向，即单个波纹状通道转一圈需要 300 s，由于转速不变，每个周期内单个波纹状通道从进入除湿区到离开除湿区，湿空气持续进入空气通道的时间为 225 s；从进入再生区到离开再生区，高温空气反方向持续进入空气通道的时间为 75 s。因此，周期内边界条件设置如下：

① 波纹状通道在除湿区，湿空气从图 3-2 所示的通道左侧进右侧出，固定左侧进口空气温、湿度，送风持续时间为 225 s，研究右侧出口空气温、湿度变化。

② 波纹状通道在再生区，湿空气从图 3-2 所示的通道右侧进右侧出，固定右侧进口空气温、湿度，送风持续时间为 75 s，研究左侧出口空气温、湿度变化。波纹状通道的性能参数见表 3-1。

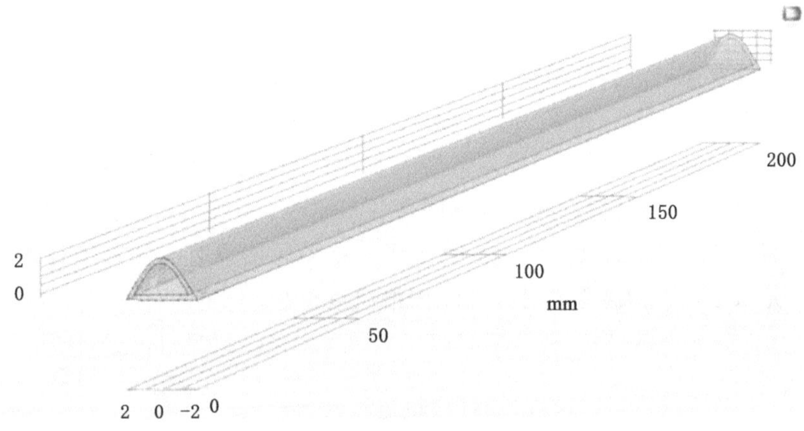


图 3-1　单个波纹状通道物理模型

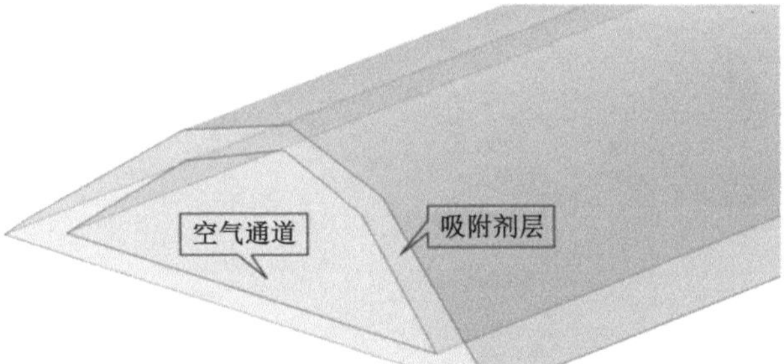


图 3-2　空气通道与吸附剂层

表 3-1　波纹状通道性能参数

| 性能参数 | 通道长度/mm | 吸附剂层厚/mm | 空气通道宽/mm | 空气通道高/mm | 吸附剂材料 | 吸附剂孔隙率 | 吸附剂渗透率/$m^2$ | 吸附剂导热率/[W/(m·K)] | 吸附剂比热容/[J/(kg·K)] | 吸附剂密度/(kg/$m^3$) | 环境温度/℃ |
|---|---|---|---|---|---|---|---|---|---|---|---|
| 数值 | 200 | 0.16 | 3.12 | 1.13 | 活性硅胶 | 0.4 | $1.09\times10^{-9}$ | 0.102 1 | 921 | 1 910 | 27 |

## 3.2　网格划分

对波纹状通道进行网格划分，网格边长越相等，网格质量就越好。网格单元质量介于 0 和 1 之间。对于二维物理模型，网格最小单元质量不应小于 0.3；对于三维物理模型，网格最小单元质量要大于 0.1。波纹状通道网格划分如图 3-3 所示，波纹状通道空气侧和吸附剂侧网格分布如图 3-4 所示，在空气侧与吸附剂侧交界面进行边界层设置。图 3-5 列出了网格单元质量直方图和统计值，其中网格单元质量直方图越靠右分布表示网格质量越好。

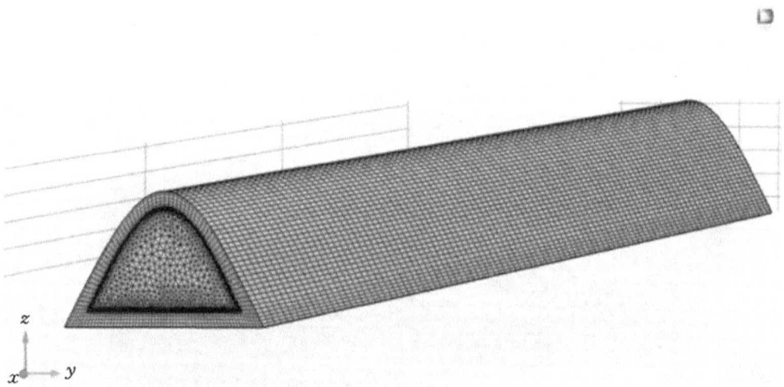


图 3-3　波纹状通道网格划分

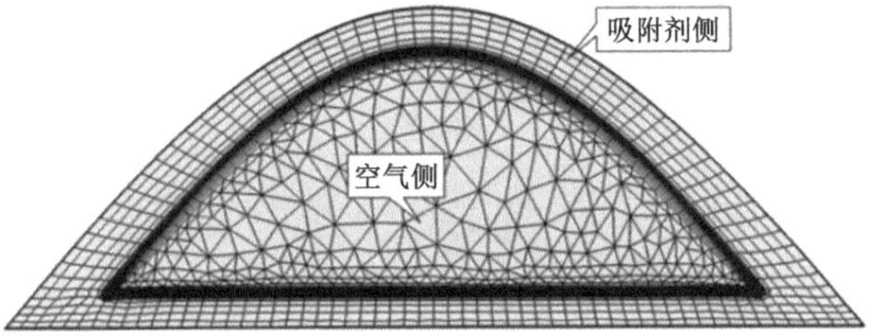


图 3-4　波纹状通道空气侧和吸附剂侧网格分布

单元数：　93 760
最小单元质量：0.147 4
平均单元质量：0.810 7
单元体积比：　$1.495\times10^{-4}$
网格体积：　777.7 $mm^3$

图 3-5　网格单元质量直方图与统计值

## 3.3　实验验证

基于多孔介质不饱和传热传质理论，分别对转轮除湿机的空气侧和吸附剂侧建立三维稳态动量方程、三维非稳态能量方程和三维非稳态质量方程。空气侧为湿空气，动量方程基于 N-S 方程；吸附剂侧的气相为吸附剂中的湿空气，动量方程基于达西定律扩展的 Brinkman 方程；吸附剂侧的液相为吸附剂中的液态水，假设液态水满足达西定律。

使用 COMSOL Multiphysics 进行模拟。标准工况为：处理空气进口温度 25 ℃、处理空气进口含湿量 10 g/kg、处理空气进口风速 2.7 m/s；再生空气进口温度 100 ℃、再生空气进口含湿量 10 g/kg、再生空气进口风速 2.7 m/s。每组模拟中仅改变其中一个运行参数或结构参数，保持其他参数不变。波纹状通道在除湿区时，处理空气从 A 口进，从 B 口出；波纹状通道在再生区时，再生空气从 B 口进，从 A 口出。波纹状通道进出口示意图如图 3-6 所示。

模拟条件和实验条件都基于标准工况，只改变再生空气进口温度，分别取

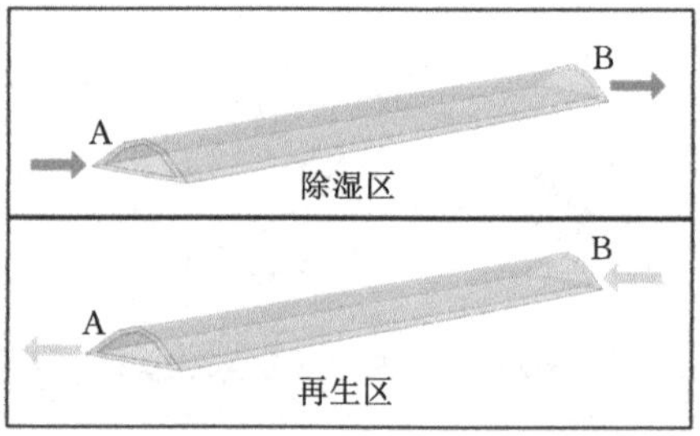


图 3-6　波纹状通道进出口示意图

60 ℃、70 ℃、80 ℃、90 ℃、100 ℃、110 ℃、120 ℃。在转轮除湿机处理空气出口的管道中布置温、湿度传感器，测量的温、湿度值是除湿区的无数波纹状通道出口空气充分混合的稳定温、湿度值。模拟中只研究了单个波纹状通道，所以对单个波纹状通道处理空气出口温、湿度值进行了处理，取从进入除湿区到离开除湿区每秒对应的出口温、湿度值的平均值，结果对比如图 3-7、图 3-8 所示，相对误差不超过 20%，验证了模型的可靠性。

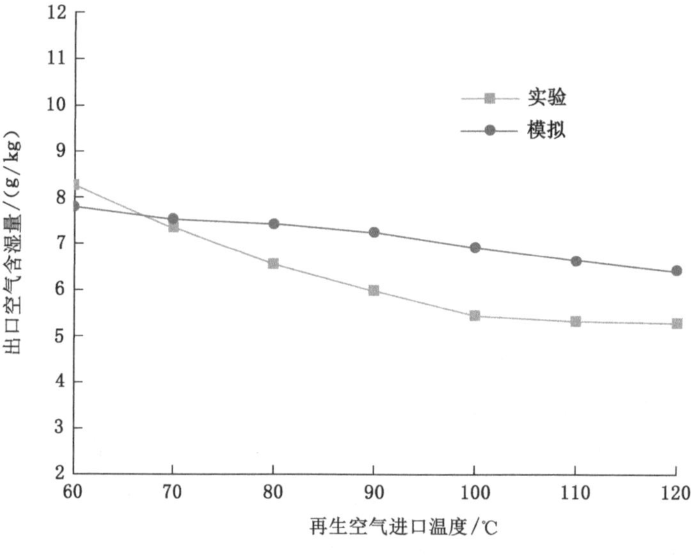


图 3-7　再生空气进口温度对出口空气含湿量的影响

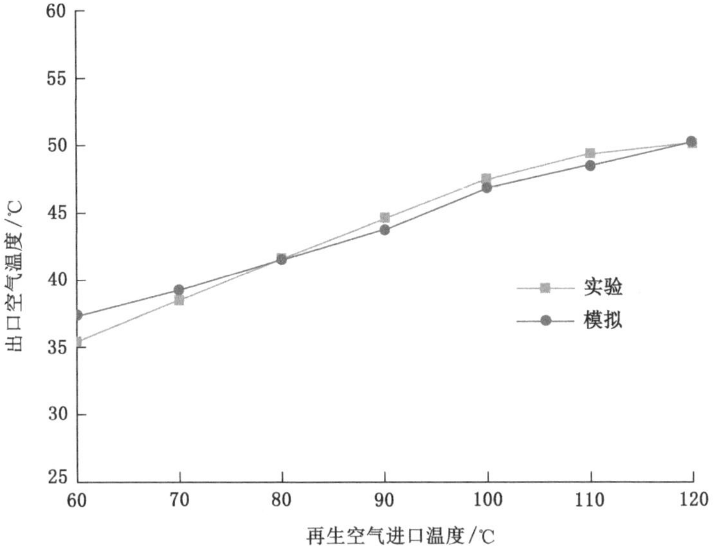


图 3-8　再生空气进口温度对出口空气温度的影响

## 3.4 模拟结果分析

模拟标准空气进口参数及参数的变化范围见表 3-2。

**表 3-2　模拟标准空气进口参数及参数的变化范围**

| 进口参数 | 标准工况 | 变化范围 |
| --- | --- | --- |
| 再生空气进口温度/℃ | 100 | 60、70、80 |
| 处理空气及再生空气进口风速/(m/s) | 2.7 | 2、3、4 |
| 处理空气进口温度/℃ | 25 | 25、30、35 |
| 处理空气进口含湿量/(g/kg) | 10 | 10、15、20 |
| 再生角度/(°) | 90 | 90、135、180 |
| 空气流向 | 相反 | 相反、平行 |
| 基体转速/(r/h) | 12 | 12、18、24 |

### 3.4.1 再生空气进口温度

基于标准工况下，只改变再生空气进口温度(取 60 ℃、70 ℃、80 ℃)。当再生空气进口温度为 60 ℃时，在一个先再生后除湿的周期内，波纹状通道的速度分布、含湿量分布和温度分布分别如图 3-9～图 3-11 所示。从图 3-9 中可以看出波纹状通道空气侧和吸附剂侧的速度分布，空气侧为稳态层流，通道中间速度最大，从通道中间向边界递减；吸附剂侧包括气相速度和液相速度，两者速度数量级相对于空气侧都非常小，从而在图中不易体现。从图 3-10 中可以看出波纹状通道的含湿量分布，波纹状通道在再生区 60°时，再生空气左侧出口含湿量大于右侧进口含湿量；在除湿区 210°时，处理空气右侧出口含湿量小于左侧进口含湿量。从图 3-11 中可以看出波纹状通道的温度分布，波纹状通道在再生区 6°、30°、60°时，再生空气左侧出口温度逐渐升高；在除湿区 96°、150°、210°、270°、330°时，处理空气右侧出口温度逐渐降低。

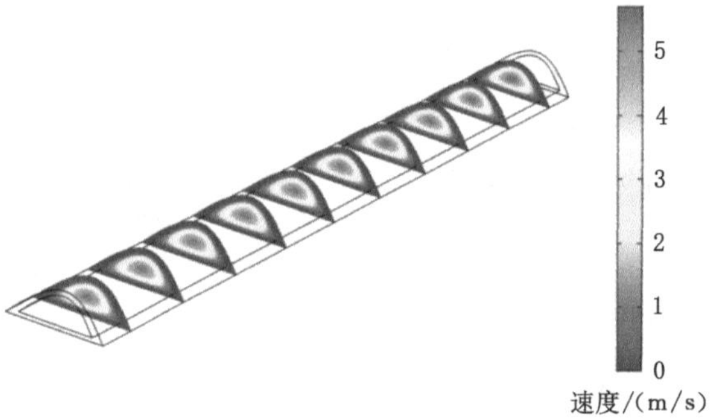


图 3-9　波纹状通道速度分布图(再生空气进口温度为 60 ℃)

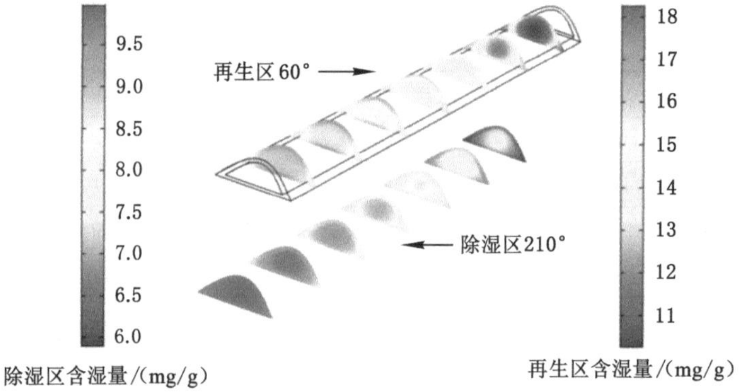


图 3-10　波纹状通道含湿量分布图(再生空气进口温度为 60 ℃)

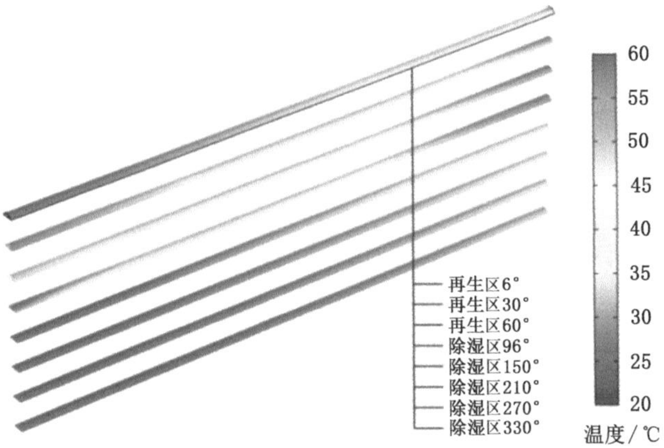


图 3-11　波纹状通道温度分布图(再生温度为 60 ℃)

由图 3-12 可知,波纹状通道从进入再生区到离开再生区(0°～90°),再生空气出口含湿量一直增大,再生温度 60 ℃对应的含湿量最大值为 16.9 g/kg,再生温度 70 ℃对应的含湿量最大值为 18.0 g/kg,再生温度 80 ℃对应的含湿量最大值为 20.5 g/kg。波纹状通道进入除湿区后,处理空气出口含湿量先增大后迅速减小,在转轮除湿机 180°含湿量达到最低值,进口温度 60 ℃对应的含湿量最低值为 6.5 g/kg,进口温度 70 ℃对应的含湿量最低值为 6.4 g/kg,进口温度 80 ℃对应的含湿量最低值为 6.1 g/kg,达到最低值后缓慢升高。由再生区进入除湿区(90°)后,处理空气出口含湿量有所增大说明波纹状通道处理空气的出口含湿量反而要大于进口含湿量,即转轮除湿机没有对空气除湿,反而加湿了空气。因此,可以在转轮基体处理空气出口侧设置一个过渡区,把被加湿的处理空气从除湿区中隔离出去。由图 3-13 可知,波纹状通道进入再生区后,再生空气出口温度一直在升高,再生空气进口温度越高,出口温度升高的幅度越大。波纹状通道进入除湿区后,处理空气出口温度一直在降低。

因此,再生空气进口温度越高,吸附剂被再生得越彻底,处理空气出口含湿量越小,但是处理空气出口温度有所升高。

### 3.4.2　处理空气进口风速

基于标准工况下,改变处理空气进口风速(取 2 m/s、3 m/s、4 m/s)。当处理空气进口风速为 2 m/s 时,在一个先除湿后再生的周期内,波纹状通道的速度

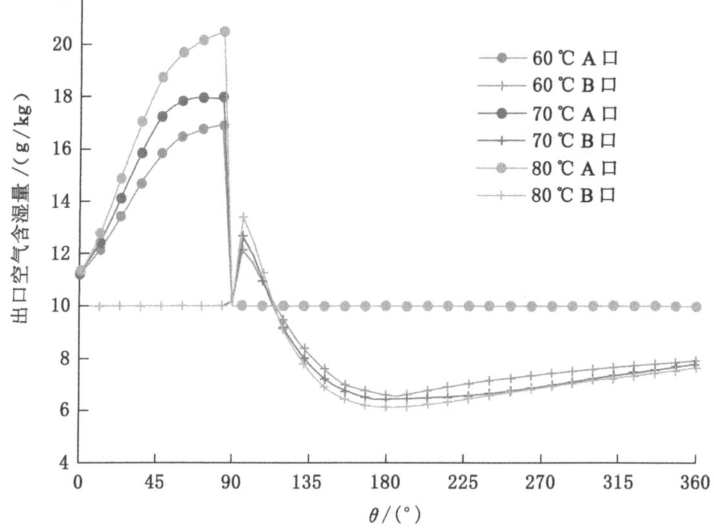


图 3-12　再生空气进口温度对出口含湿量的影响

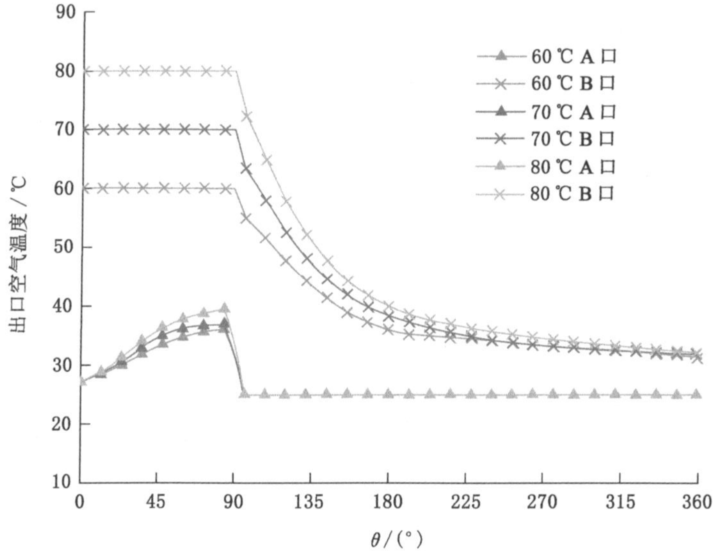


图 3-13　再生空气进口温度对出口温度的影响

分布、含湿量分布和温度分布如图 3-14～图 3-16 所示。从图 3-14 中可以看出波纹状通道空气侧和吸附剂侧的速度分布值较小。从图 3-15 中可以看出波纹状通道的含湿量分布，波纹状通道在除湿区 120°时，处理空气右侧出口含湿量小于左侧进口含湿量；在再生区 330°时，再生空气左侧出口含湿量大于右侧进口含湿量。从图 3-16 中可以看出波纹状通道的温度分布，波纹状通道在除湿区 6°、60°、120°、180°、240°时，处理空气右侧出口温度逐渐降低；在再生区 276°、300°、330°时，再生空气左侧出口温度逐渐升高。

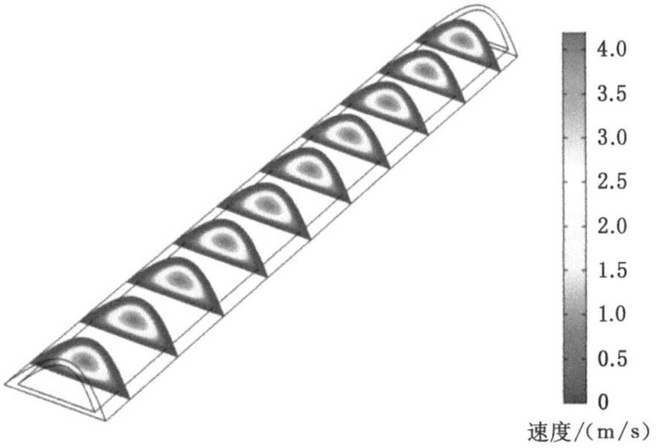


图 3-14　波纹状通道速度分布图(风速为 2 m/s)

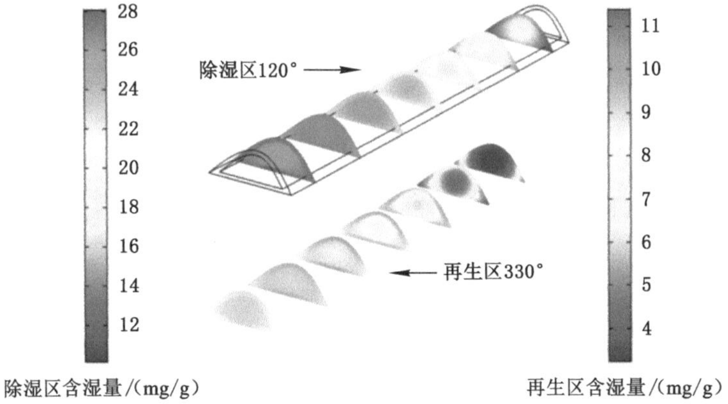


图 3-15　波纹状通道含湿量分布图(风速为 2 m/s)

由图 3-17 可知，波纹状通道进入除湿区后，处理空气出口含湿量先增大后迅速减小，达到最低值后缓慢增大。进口风速 2 m/s、3 m/s、4 m/s 对应的出口含湿

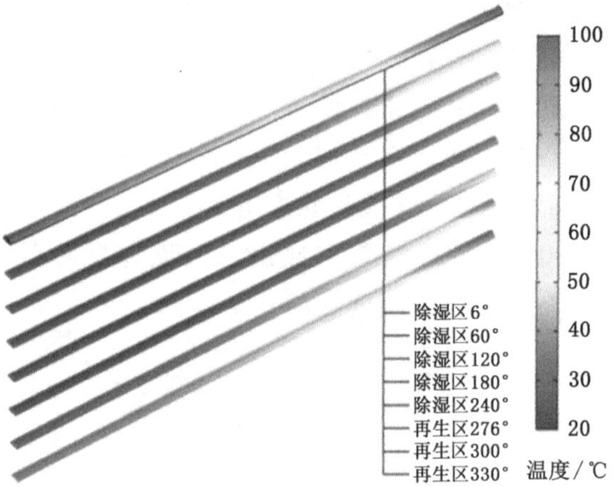


图 3-16　波纹状通道温度分布图(风速为 2 m/s)

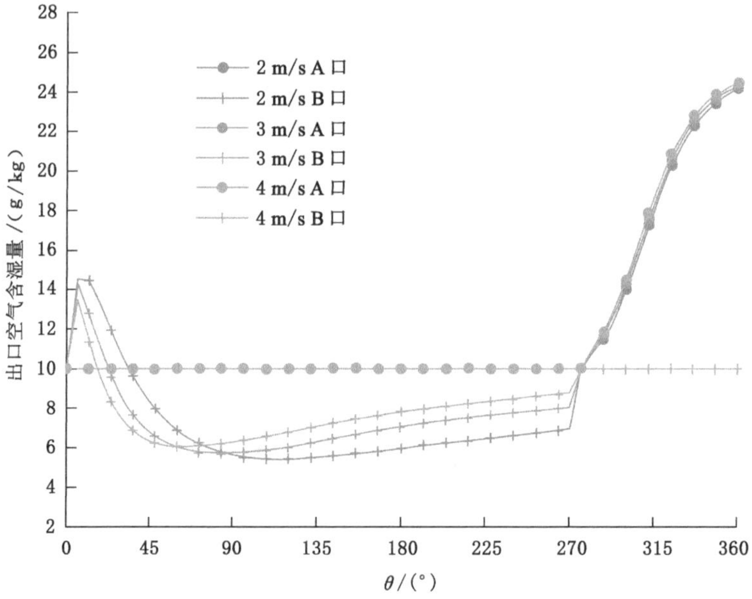


图 3-17　处理空气进口风速对出口含湿量的影响

量最小值分别为 5.4 g/kg、5.7 g/kg 和 6.0 g/kg，而且风速越大，达到出口含湿量最小值的角度越小，进入除湿区的时间越短，出口含湿量最小值 5.4 g/kg、5.7 g/kg 和 6.0 g/kg 分别对应除湿区的角度为 114°、84°、60°。波纹状通道进入再生区后，再生空气出口含湿量受处理空气进口风速影响不大。由图 3-18 可知，波纹状通道进入除湿区后，处理空气出口温度一直降低，处理空气进口风速越大，降低幅度越大。之后进入再生区，再生空气出口温度一直在升高，但是不同处理空气进口风速对再生空气出口温度几乎没有影响。

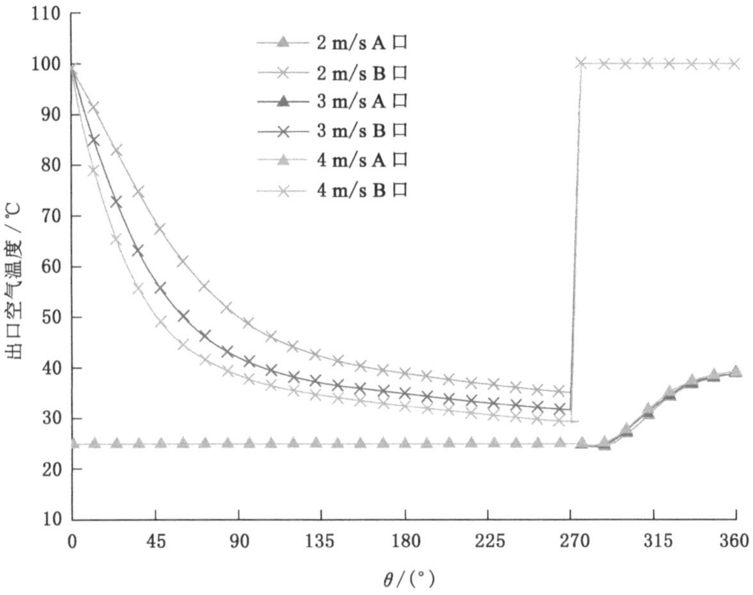


图 3-18　处理空气进口风速对出口温度的影响

因此，进口风速越大，处理空气出口含湿量越大，即除湿力度越小，但是处理空气出口温度低，减少了除湿空调系统中冷却设备承担的冷负荷。不同处理空气进口风速对再生空气出口温、湿度影响较小。

### 3.4.3　处理空气进口温度

基于标准工况下，只改变处理空气进口温度(25 ℃、30 ℃、35 ℃)，在一个先除湿后再生的周期内，出口温、湿度随处理空气进口温度的变化分布如图 3-19、图 3-20 所示。由图 3-19 可知，波纹状通道进入除湿区后，处理空气出口含湿量先增大后迅速减小，达到最低值后缓慢增大。进口温度 25 ℃、30 ℃、35 ℃对应的出口含湿量最小值分别为 5.9 g/kg、6.8 g/kg、7.8 g/kg。波纹状通道进入再生区后，再生空气出口含湿量受处理空气进口温度影响不大。根据图 3-20 可知，波纹状通道进入除湿区后，处理空气出口温度一直在降低，处理空气进口温度越高，降低的幅度越小。之后进入再生区，再生空气出口温度一直在升高，而且随着处理空气进口温度越高，升高的幅度越大。

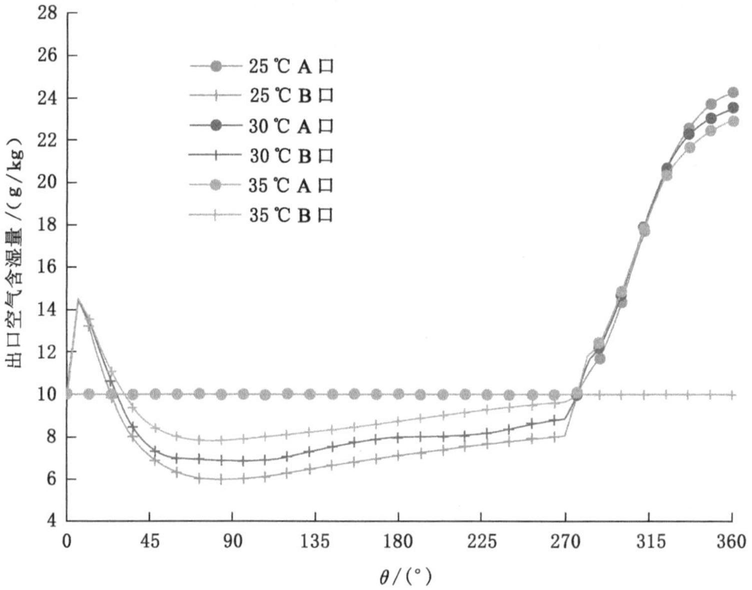


图 3-19 处理空气进口温度对出口含湿量的影响

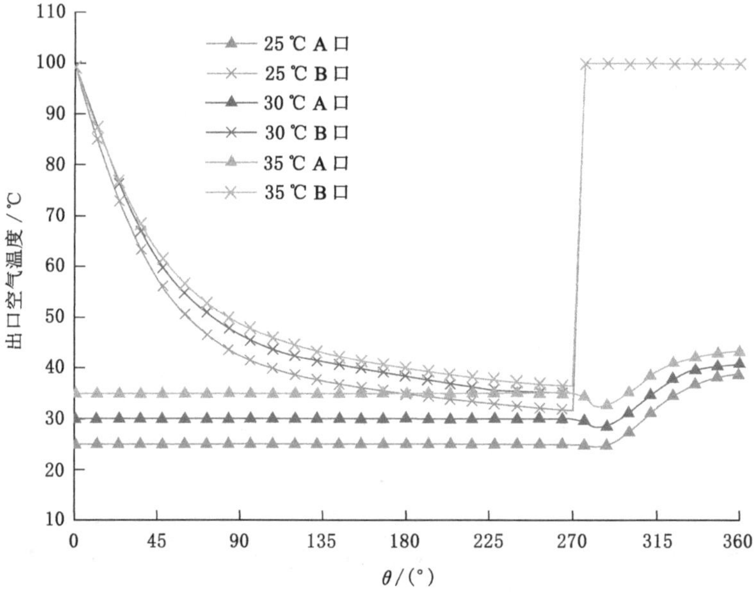


图 3-20 处理空气进口温度对出口温度的影响

因此，处理空气进口温度越高，处理空气出口含湿量越大，即除湿力度越小，同时处理空气出口温度也越高，增加了除湿空调系统中冷却设备承担的冷负荷。不同处理空气进口温度对再生空气出口含湿量影响较小，但是对再生空气出口温度影响较大。

### 3.4.4　处理空气进口含湿量

基于标准工况下，只改变处理空气进口含湿量(10 g/kg、15 g/kg、20 g/kg)，在一个先除湿后再生的周期内，出口温、湿度随处理空气进口含湿量的变化分布分别如图 3-21、图 3-22 所示。由图 3-21 可知，波纹状通道进入除湿区后，处理空气出口含湿量先增大后迅速减小，达到最低值后缓慢增大。进口含湿量 10 g/kg、15 g/kg、20 g/kg 对应的最大处理空气进、出口含湿量差值分别为 4.1 g/kg、7.0 g/kg 和 9.8 g/kg。波纹状通道进入再生区后，再生空气出口含湿量一直在增大，而且处理空气进口含湿量越大，增加程度越大。由图 3-22 可知，波纹状通道进入除湿区后，处理空气出口温度一直在降低，不同处理空气进口含湿量对再生空气出口温度影响不大。

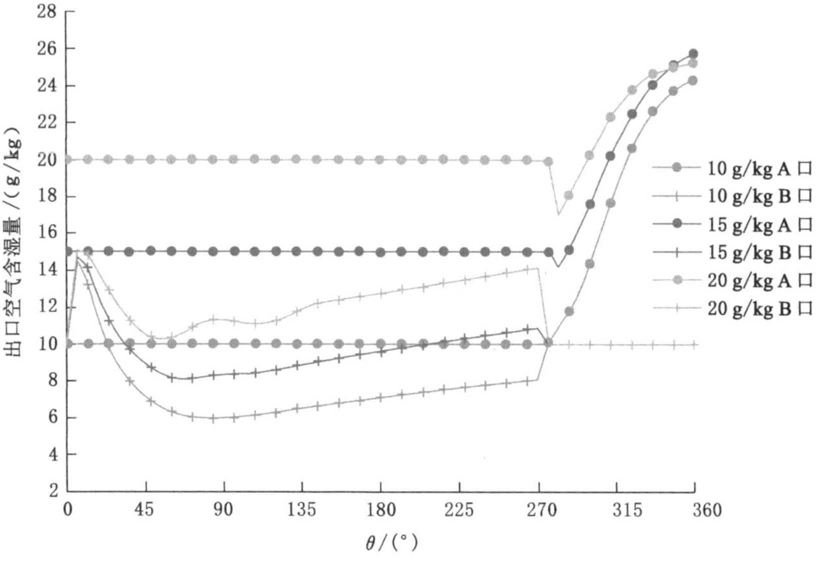


图 3-21　处理空气进口含湿量对出口含湿量的影响

因此，处理空气进口含湿量越大，处理空气进、出口含湿量差值越大，即除湿

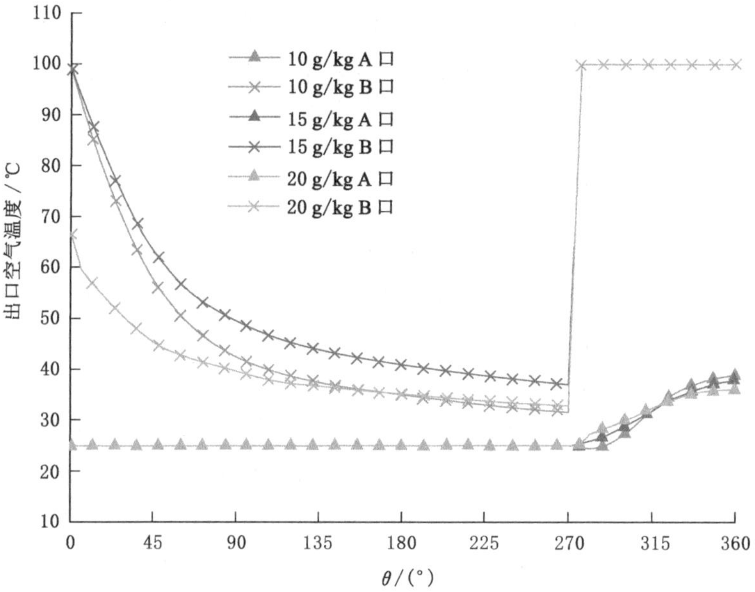


图 3-22　处理空气进口含湿量对出口温度的影响

力度越大,同时再生空气出口含湿量也越大。再生空气出口温度受处理空气进口含湿量的影响较小。

### 3.4.5　再生角度

基于标准工况下,改变转轮除湿机的转轮基体的再生角度,再生角度分别取90°、135°和180°,基体模型如图3-23所示。在一个先再生后除湿的周期内,出口温、湿度随不同再生角度的变化分布分别如图3-24、图3-25所示。由图3-24可知,波纹状通道从进入再生区到离开再生区,再生角度90°和再生角度135°对应的再生空气出口含湿量一直增大,最大值分别为24.9 g/kg、24.5 g/kg。而再生角度180°对应的再生空气出口含湿量先增大后缓慢减小,减小过程从再生区角66°开始,直到波纹状通道离开再生区结束,减小量为1.6 g/kg。波纹状通道进入除湿区后,处理空气出口含湿量先增大后迅速减小,达到最低值后缓慢增大。随着再生角度的增大,从再生区刚进入除湿区时的除湿量增大幅度变小。再生角度90°、135°、180°对应的处理空气出口含湿量最低值分别为5.9 g/kg、4.9 g/kg、3.8 g/kg。由图3-25可知,波纹状通道进入再生区后,再生空气出口温度一直在升高，再生角度越大，升高的最大值越大。之后再生角度 90°、135°、180°对应的波纹状通道依次进入除湿区，除湿区的处理空气出口 B 温度逐渐降低，再生角度越大，降低的幅度越小。

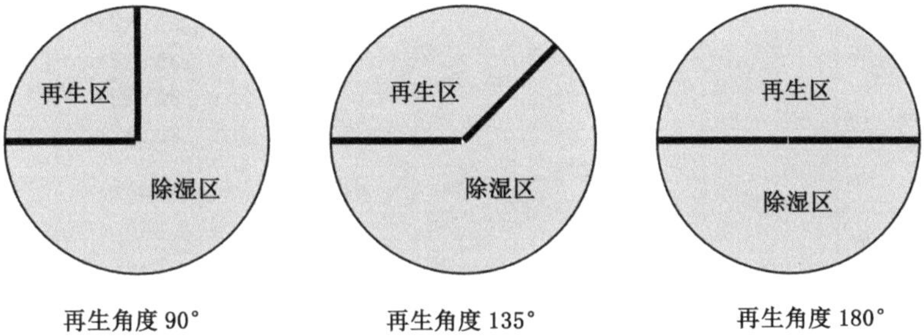


图 3-23　不同再生角度的转轮基体

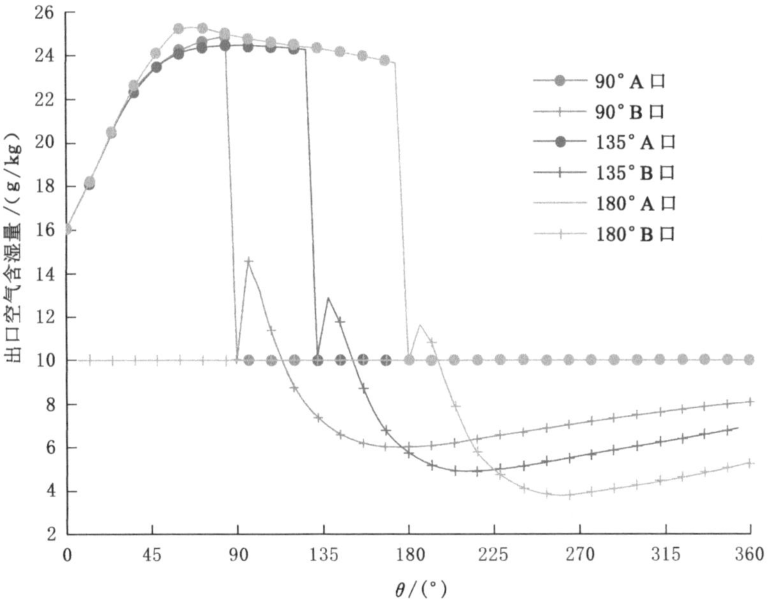


图 3-24　再生角度对出口空气含湿量的影响

因此，再生角度越大，吸附剂被再生得越彻底，处理空气出口含湿量越小，即除湿力度越大，但是处理空气和再生空气出口温度随之升高，对于处理空气出口侧，增加了除湿空调系统中冷却设备承担的冷负荷。

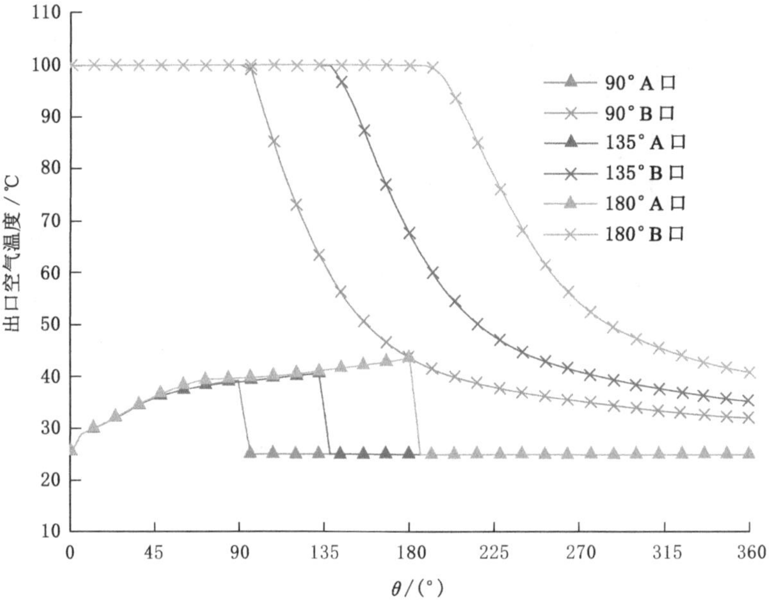


图 3-25　再生角度对出口空气温度的影响

### 3.4.6　空气流向

基于标准工况下，改变转轮除湿机的结构参数，即改变处理空气和再生空气的流动方向，包括相反流向和平行流向[82]，空气流向示意图如图 3-26 所示。在一个先除湿后再生的周期内，出口温、湿度随空气流向的变化分布分别如图 3-27、图 3-28 所示。由图 3-27 可知，波纹状通道从进入除湿区到离开除湿区，相反流向的处理空气出口含湿量先增大后迅速减小，达到最低值后缓慢增大；平行流向的处理空气进口含湿量一直降低，在除湿区 270°达到最低值 8.1 g/kg。波纹状通道进入再生区后，再生空气出口含湿量一直增大，相反流向的出口含湿量的增大幅度大于平行流向的出口含湿量增大幅度。由图 3-28 可知，波纹状通道进入除湿区后，相反流向的处理空气出口温度一直降低，而平行流向的处理空气出口温度在除湿区 0°到 270°之间基本无变化 。之后波纹状通道进入再生区，再生空气出口温度一直升高，平行流向的出口温度的升高幅度大于相反流向的出口温度的升高幅度。

因此，相反流向的处理空气出口含湿量基本小于平行流向的处理空气出口

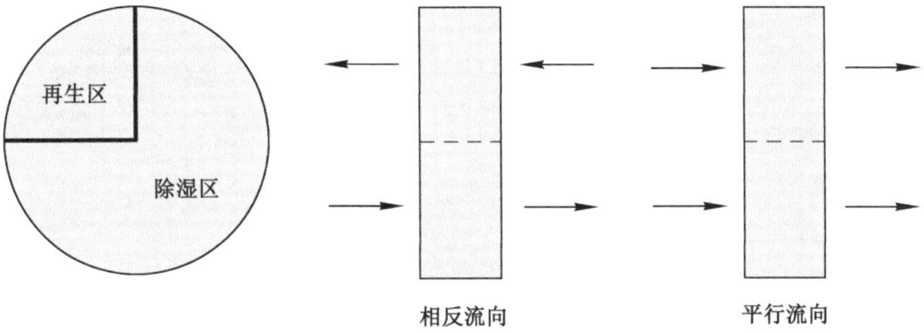


图 3-26　两种空气流向示意图

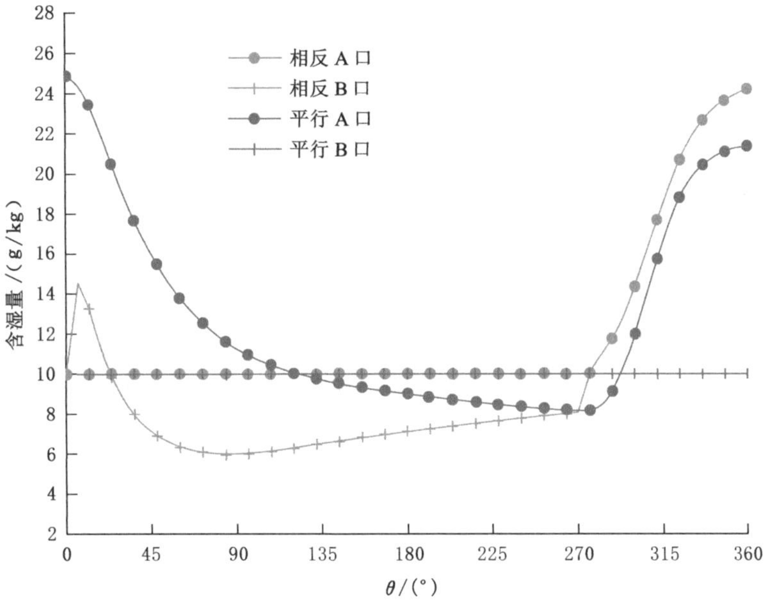


图 3-27　空气流向对出口含湿量的影响

含湿量，相反流向的再生空气出口含湿量大于平行流向的再生空气出口含湿量。对于空气除湿，相反流向明显优于平行流向。但是相反流向的处理空气出口温度高于平行流向的处理空气出口温度，相反流向的除湿空调系统中的冷却设备需要承担更多的冷负荷。

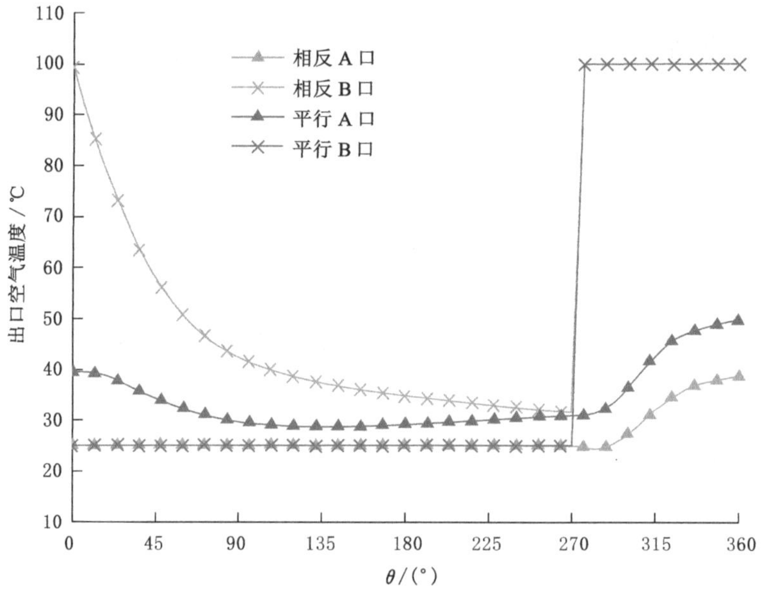


图 3-28 空气流向对出口空气温度的影响

### 3.4.7 基体转速

基于标准工况下，改变转轮除湿机的基体转速(12 r/h、18 r/h、24 r/h)，在一个先再生后除湿的周期内，出口温、湿度随不同基体转速的变化分布分别如图 3-29、图 3-30 所示。由图 3-29 可知，波纹状通道进入再生区后，再生空气出口含湿量一直增大，基体转速越快，出口含湿量增大幅度越小，基体转速 12 r/h、18 r/h、24 r/h 对应的再生空气出口含湿量最大值分别为 24.9 g/kg、24.3 g/kg 和 22.3 g/kg。波纹状通道进入除湿区后，处理空气出口含湿量先增大后减小，达到最小值后缓慢上升。基体转速 12 r/h 时出口含湿量在除湿区 102°至 180°之间减小且较为迅速，而基体转速 18 r/h、24 r/h 时出口含湿量分别在除湿区 108°至 243°之间、108°至 312°之间减小但较为缓慢，基体转速 12 r/h、18 r/h、24 r/h 对应的处理空气出口含湿量最低值分别为 5.9 g/kg、6.5 g/kg 和 7.0 g/kg。另外，随着基体转速的加快，从再生区刚进入除湿区时的出口含湿量增大幅度加大。由图 3-30 可知，波纹状通道进入再生区后，再生空气出口温度一直升高，基体转速越快，再生空气出口温度升高的幅度越小。之后进入除湿区，处理空气出口温度受不同基体转速的影响很小。

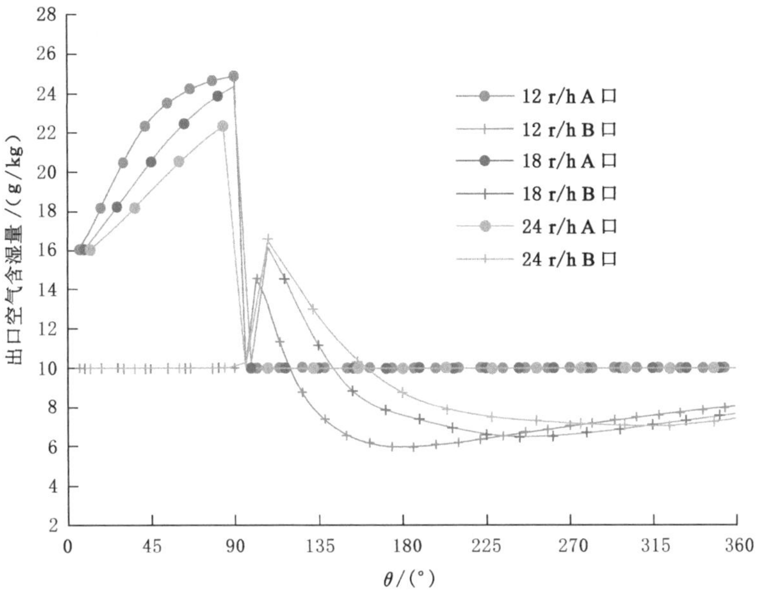


图 3-29　基体转速对出口空气含湿量的影响

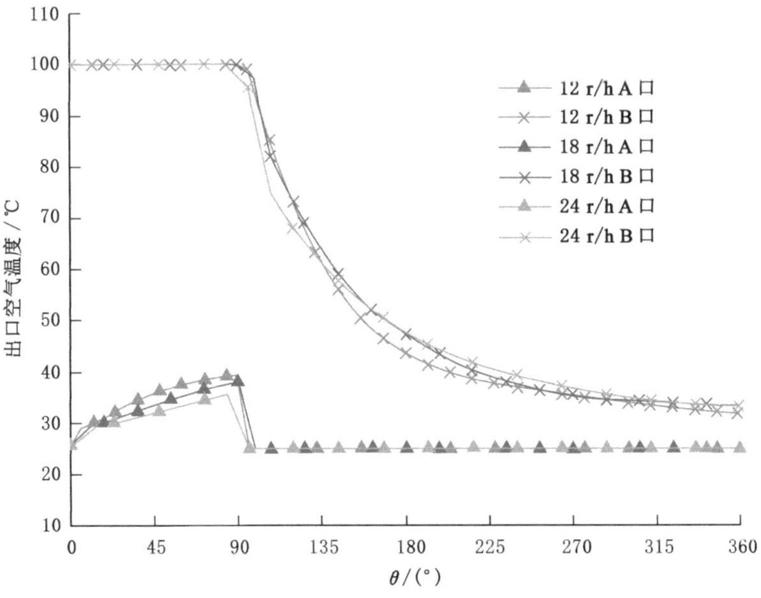


图 3-30　基体转速对出口空气温度的影响

因此,基体转速越快,再生空气出口含湿量越小,处理空气出口含湿量越大,即除湿力度越小,同时处理空气出口温度几乎不受基体转速变化的影响,所以该转轮除湿机在模拟范围内的最佳基体转速为 12 r/h。

# 第 4 章　除湿空调系统热力性能优化

## 4.1　系统描述

除湿空调系统包括第一级表冷器、转轮除湿机、第二级表冷器、第一级再生系统和第二级再生系统。第一级再生系统的热能可来自太阳能、废热或地热。当第一级再生系统的热量不足时，使用第二级再生系统来弥补再生热量的不足。除湿空调系统原理图如图 4-1 所示。处理侧系统运行过程如下：处理空气1($T_1$，$d_1$)先经第一级表冷器冷却减湿到 2($T_2$，$d_2$)，经转轮除湿机升温减湿到 3($T_3$，$d_3$)，再经第二级表冷器冷却处理到 4($T_4$，$d_4$)，4 为处理侧的送风空气，送入空调房间。再生侧进口空气 5($T_5$，$d_5$)经太阳能空气加热器加热到 6($T_6$，$d_6$)，经辅助电加热器加热到 7($T_7$，$d_7$)，通过转轮除湿机再生侧脱附到 8($T_8$，$d_8$)排出室外。第一级表冷器和第二级表冷器的供水为高温冷水，高温冷水可来自地下水、蒸发冷却系统或高温冷水机组。再生用空气加热器为空气-水换热器。

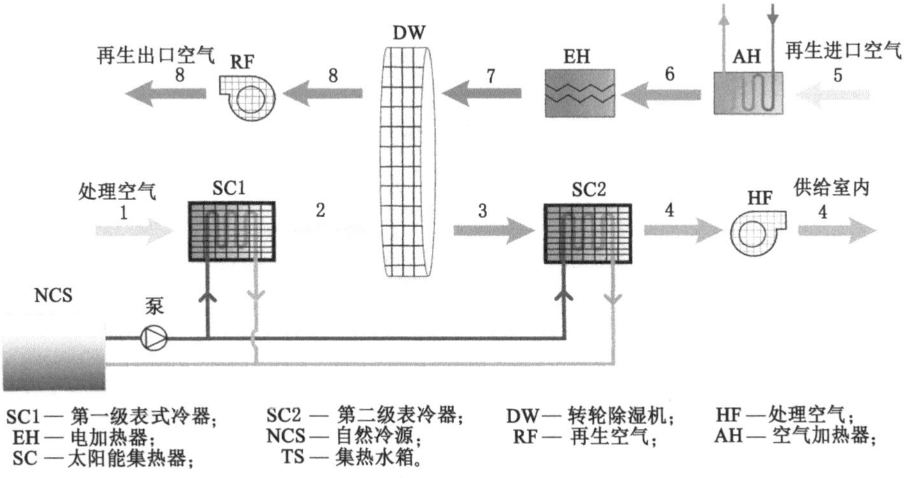


图 4-1　除湿空调系统原理图

## 4.2 实验装置

图 4-2 所示为除湿空调系统实验装置，测量除湿空调系统的热力性能。实验装置由第一级表冷器、转轮除湿机、第二级表冷器和电加热器组成。表 4-1 列出了实验装置中关键部件的性能参数，包括转轮除湿机和表冷器。表 4-2 列出了实验测量参数。

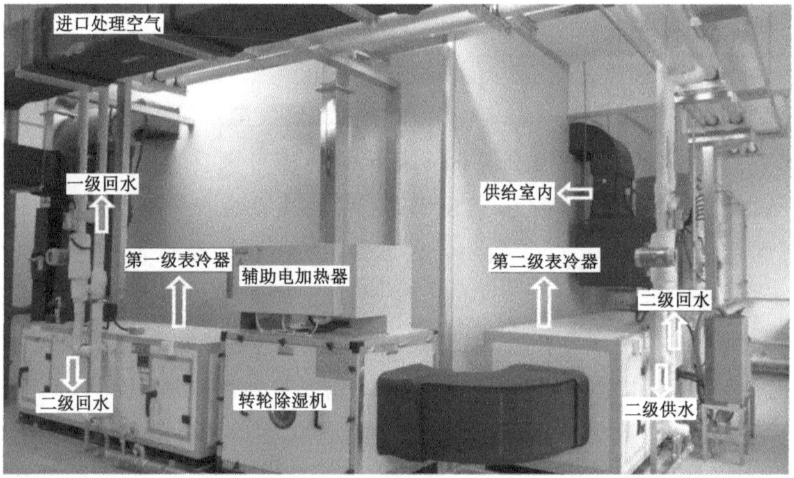


图 4-2　除湿空调系统实验装置

**表 4-1　实验性能参数**

| 参数 | 性能 |
| --- | --- |
| 转轮除湿机的再生角度/(°) | 90 |
| 转轮除湿机的除湿剂 | 硅胶 |
| 转轮除湿机的转子直径/mm | 550 |
| 转轮除湿机的转子长度/mm | 200 |
| 转轮除湿机除湿侧的空气流量/($m^3$/h) | 1 500 |
| 转轮除湿机的容量/(kg/h) | 9.45 |
| 转轮除湿机的转速/(r/h) | 12 |
| 第一级表冷器的水流量/(L/s) | 0.7 |
| 第一级表冷器的标准容量/kW | 16.05 |
| 第一级表冷器中的铜管行数 | 5 |
| 第一级表冷器中每行的铜管数 | 11 |

**表 4-1(续)**

| 参数 | 性能 |
| --- | --- |
| 第二级表冷器的水流量/(L/s) | 0.7 |
| 第二级表冷器的标准容量/kW | 13.76 |
| 第二级表冷器中的铜管行数 | 5 |
| 第二级表冷器中每行的铜管数 | 12 |

**表 4-2　测量参数**

| 测量参数 | 类型 | 测量范围 | 精度 |
| --- | --- | --- | --- |
| 温度 | PT 100 | −40～150 ℃ | ±0.5 ℃ |
| 相对湿度 | 电容 | 0%～100%RH | ±2% |
| 空气速度 | 热电线 | 0～15 m/s | ±0.2 m/s |

利用上述实验装置，对表冷器、转轮除湿机和整个系统的模型进行了验证。在相同条件下(进口空气含湿量为 16 g/kg，进口空气速度为 3.5 m/s，再生温度为 80 ℃，供水温度为 13.5 ℃，进口空气温度在 30.7～40.5 ℃范围内以 0.7 ℃的间隔变化)。除湿空调系统模型与实验结果的相关性如图 4-3 所示，第一级表冷器出口空气温度数值模拟与实验结果之间的最大误差为±5%，转轮除湿机出口空气温度数值模拟与实验结果之间的最大误差为±7%，第二级表冷器出口空气温度数值模拟与实验结果之间的最大误差为±13%。

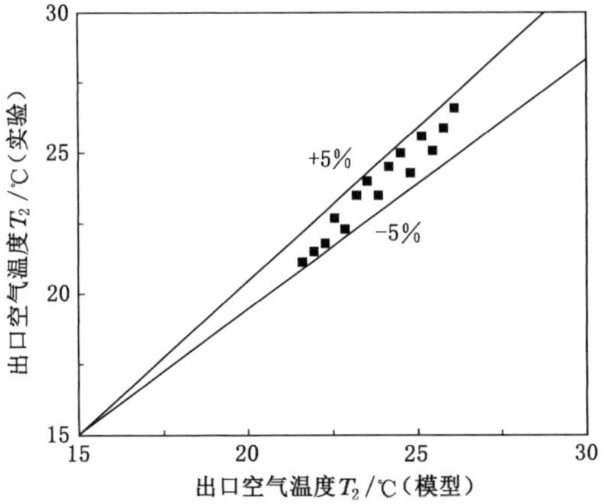


(a) 第一级表冷器模型与实验结果的相关性

图 4-3　除湿空调系统模型与实验结果的相关性

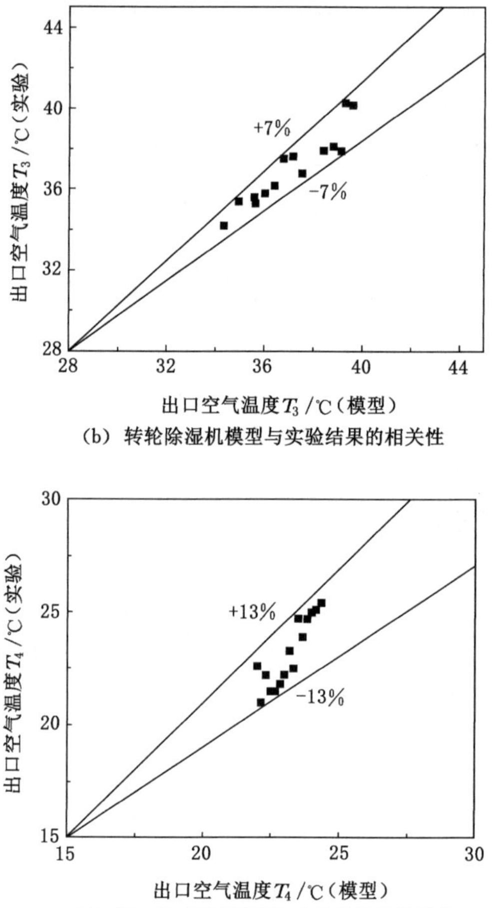


(b) 转轮除湿机模型与实验结果的相关性

(c) 第二级表冷器模型与实验结果的相关性

图 4-3 (续)

## 4.3 结果和讨论

在各种条件下,对除湿空调系统进行模拟计算:条件 A 为高湿条件(32 ℃,80% RH),条件 B 为中湿条件(32 ℃,60% RH),条件 C 为低湿条件(32 ℃,40% RH)。高湿、中湿和低湿条件下的数值模拟条件:空气流动速度为 3.5 m/s,再生温度为 80 ℃。

### 4.3.1 高湿条件

#### 4.3.1.1 三种供水方式下系统性能的比较

三种供水方式：第一级表冷器的供水模式 NFM，第一级表冷器和第二级表冷器串联的供水模式 SM，第一级表冷器和第二级表冷器并联的供水模式 PM。NFM 模式中系统除湿侧只有转轮除湿机和第二级表冷器（去第一级表冷器）。SM 模式中，SC2 出口的冷却水进入 SC1 里。PM 模式中，相同温度的冷冻水同时供给 SC1 和 SC2。PM 模式中水的质量流量是 SM 模式中每个表冷器水质量流量的一半。模拟除湿空调系统在三种模式下的性能，得到计算结果。模拟初始条件：再生温度 $T_7$ 为 80 ℃，供水水温为 16.0 ℃。除湿空调系统在不同工况下的焓湿图如图 4-4 所示。除湿空调系统具体运行工况为：在 SM 模式和 PM 模式中，高露点的湿空气 1 在 SC1 中冷却除湿至状态点 2(2″)，2(2″)通过转轮除湿机的除湿侧增焓除湿到点 3(3″)，空气 3(3″)与 SC2 中的冷却水间接接触后（微除湿）处理到点 4(4″)。在 NFM 模式中，湿空气 1 通过转轮除湿机的除湿侧增焓除湿到点 3(2)，3(2)在 SC2 中冷却除湿到状态点 4。由图 4-4(a)可看出，SM 模式和 PM 模式中处理空气 4(4″)的状态参数几乎相等，但由于 PM 模式的供给水温较低，因此 PM 模式中空气 1″和空气 2″之间的温差高于 SM 模式中空气 1′和空气 2′之间的温差。在高湿条件下，SM 模式和 PM 模式供给室内空气的状态参数几乎相等。因此，在高湿条件下应选择 SM 或 PM 供水模式。由图 4-4(b)和图 4-4(c)可看出，在中湿和低湿条件下，PM 模式中的状态点 4″低于 SM 模式的状态点 4′，PM 模式明显优于 SM 模式，因为在中湿和低湿条件下，影响系统性能的主要参数是供水温度；在中湿和低湿条件下，SM 模式和 PM 模式中的除湿和冷却性能与 NFM 模式中的相差不大，因为在中湿和低湿度条件下，转轮除湿机的除湿效率低。

#### 4.3.1.2 供水温度的影响

图 4-5 为高湿工况下供水温度对除湿空调系统出口空气温度的影响，供水水温 $T_f$ 从 12.0 ℃升高到 18.0 ℃。在 PM 模式下，第一级表冷器出口空气温度 $T_2$ 从 20.1 ℃高到 24.5 ℃，转轮除湿机出口空气温度 $T_3$ 从 32.8 ℃升高到 37.9 ℃，第二级表冷器出口空气温度 $T_4$ 从 20.4 ℃升高到 22.0 ℃。除湿空调系统进出口空气温差从 11.4 ℃减小到 10.0 ℃。

图 4-6 为高湿工况下供水温度对除湿空调系统出口空气含湿量的影响。当供水温度 $T_f$ 从 12.0 ℃升高到 18.0 ℃，第一级表冷器出口空气含湿量 $d_2$ 从

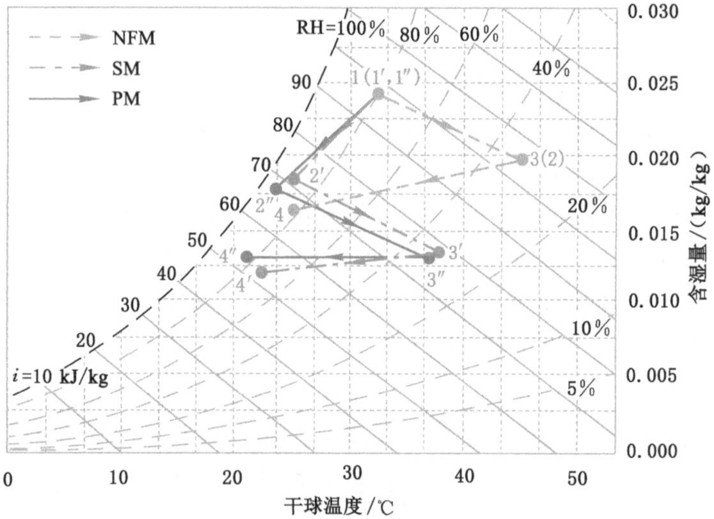


(a) 高湿条件

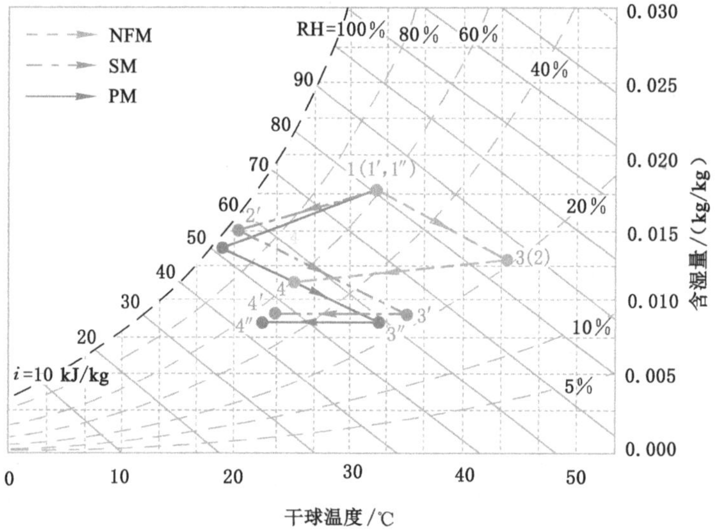


(b) 中湿条件

图 4-4 除湿空调系统在不同工况下的焓湿图

14.6 g/kg 升高到 19.3 g/kg,转轮除湿机和第二级表冷器出口空气含湿量 $d_3$、$d_4$ 从 10.2 g/kg 升高到 14.6 g/kg,除湿空调系统进出口空气含湿量差值从 14.1 g/kg 降低到 9.7 g/kg。

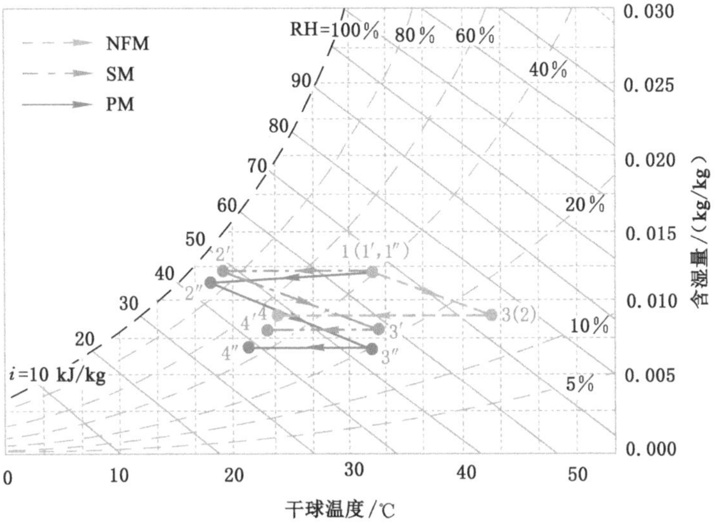


(c) 低湿条件

图 4-4 (续)

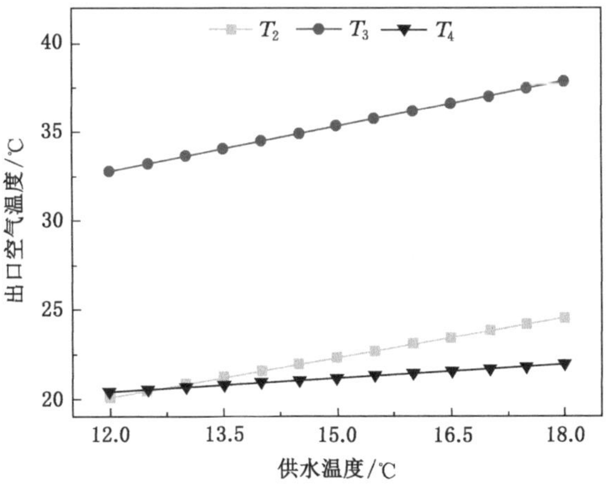


图 4-5　高湿工况下供水温度对除湿空调系统出口空气温度的影响

图 4-7 为高湿工况下供水温度对除湿空调系统效率的影响。如图 4-7 所示，在 PM(下标 1)和 SM(下标 2)模式中供水温度对潜热效率 $\eta$、显热效率 $\psi$、全热效率 $\varepsilon$ 的影响较大。在 PM 模式中，当供水温度 $T_f$ 从 12.0 ℃升高到 18.0 ℃，

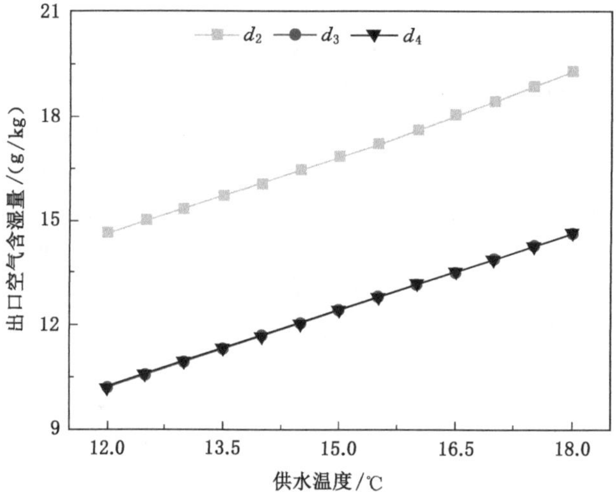


图 4-6　高湿工况下供水温度对除湿空调系统出口空气含湿量的影响

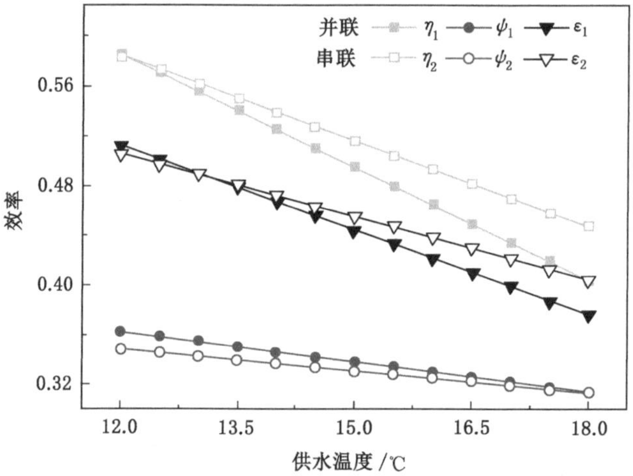


图 4-7　高湿工况下供水温度对除湿空调系统效率的影响

$\eta_1$ 从 0.59 降低到 0.40，$\psi_1$ 从 0.36 降低到 0.31，$\varepsilon_1$ 从 0.51 降低到 0.38。在 SM 模式中，当供水温度 $T_f$ 从 12.0 ℃升高到 18.0 ℃，$\eta_2$ 从 0.58 降低到 0.45，$\psi_2$ 从 0.35 降低至 0.31，$\varepsilon_2$ 从 0.51 降低到 0.40，该系统在高湿条件下有较高的潜热效率。当供水温度 $T_f$ 从 12.0 ℃升高到 18.0 ℃，潜热效率、显热效率和全热效率都减小。因为供水温度的升高，表冷器的冷却能力和除湿能力降低，较高的入口空气温度导致转轮除湿机的除湿能力降低。由图 4-7 可知，当供水温度 $T_f$ 从 12.0 ℃升高到 18.0 ℃，SM 模式的潜热效率高于 PM 模式的潜热效率，因为除湿空调系统的除湿量取决于表冷器的冷水量和冷水温度；PM 模式的显热效率高于 SM 模式的显热效率，因为第一级表冷器的水温较低，其冷却能力更强；供水温度 $T_f$ 从 12 ℃升高到 13.5 ℃，PM 模式的全热效率高于 SM 模式的全热效率，供水温度 $T_f$ 从 13.5 ℃升高到 18 ℃，SM 模式的全热效率高于 PM 模式的全热效率。

图 4-8 是高湿工况下供水温度对舒适性区域分布的影响。当处理空气温度和含湿量低于舒适区域时[温度为 26 ℃，含湿量为 12.6 g/kg(相对湿度 50%)]会满足室内舒适性要求，如图 4-8 中虚线包围的部分所示。当供水温度高于 15.0 ℃时，提供的系统出口空气含湿量高于 12.6 g/kg。因此，当供水温度高于 15.0 ℃时，提供的送风空气满足不了室内温湿度需求。

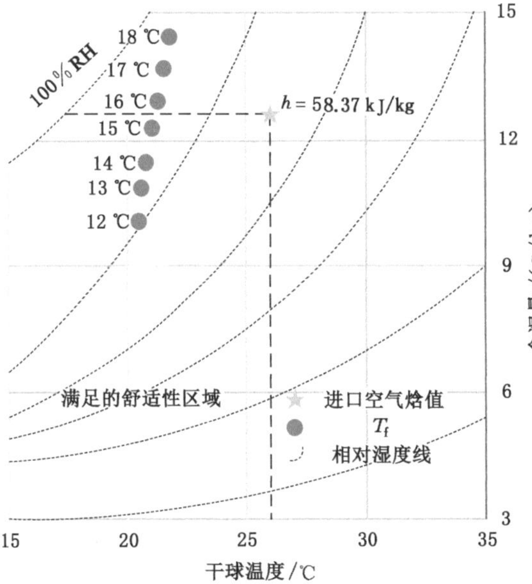


图 4-8　高湿工况下供水温度对舒适性区域分布的影响

#### 4.3.1.3　再生温度的影响

高湿工况下再生温度对除湿空调系统出口空气温度和含湿量的影响分别如图 4-9 和图 4-10 所示。以 PM 模式为例，除湿空调系统供水温度为 16.0 ℃，再生温度 $T_7$ 从 60 ℃升高到 99 ℃。当再生温度 $T_7$ 升高，转轮除湿机出口温度

$T_3$ 升高,转轮除湿机出口含湿量 $d_3$ 减小。这是因为转轮除湿机的除湿能力随着再生温度的升高而增强,转轮除湿机的除湿量增加,放出吸附热增加。$d_3$ 和 $d_4$ 几乎相等,这是因为第二级表冷器的除湿能力较低。

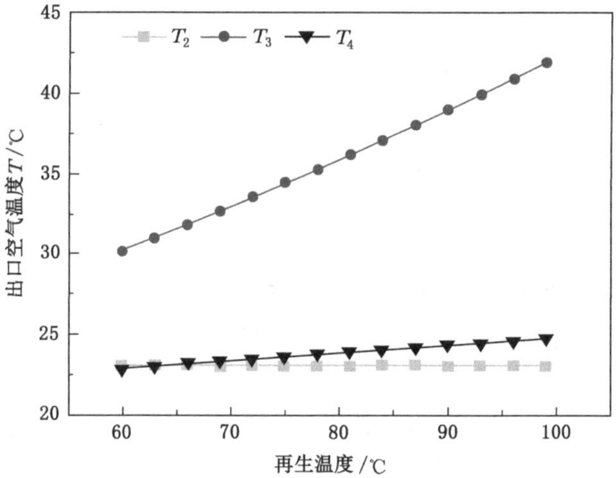


图 4-9　高湿工况下再生温度对除湿空调系统出口空气温度的影响

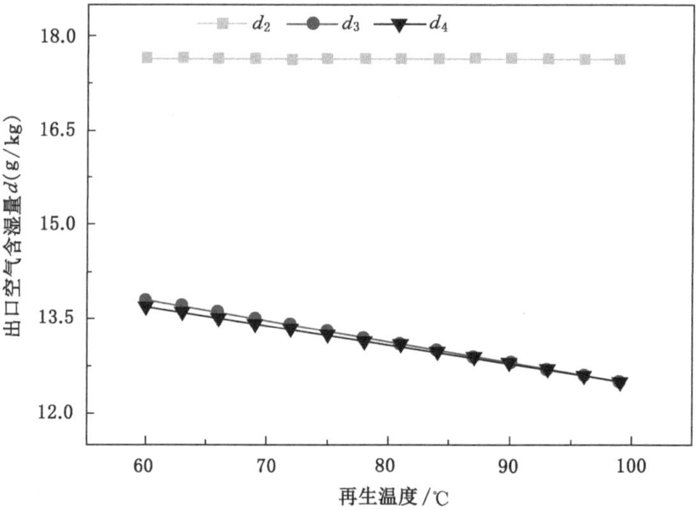


图 4-10　高湿工况下再生温度对除湿空调系统出口空气含湿量的影响

高湿工况下再生温度对除湿空调系统效率的影响如图 4-11 所示。如图 4-11 所示，当再生温度 $T_7$ 从 60 ℃升高到 99 ℃，除湿空调系统的潜热效率从 0.44 增加到 0.48，显热效率从 0.28 降低到 0.23，全热效率基本保持不变。当再生温度为 80 ℃时，除湿空调系统在降低能耗的同时可满足除湿需求。

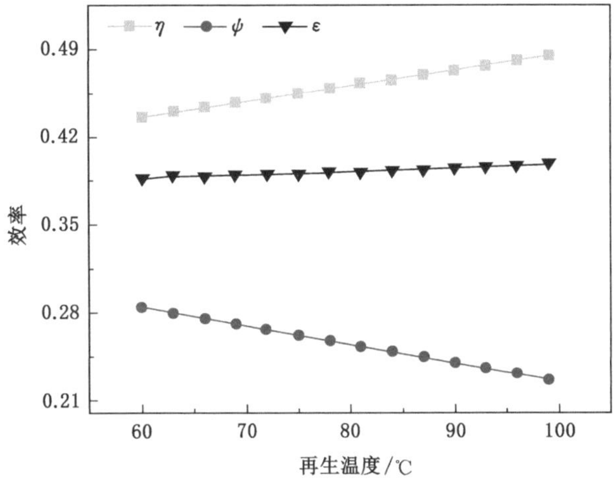


图 4-11　高湿工况下再生温度对除湿空调系统效率的影响

### 4.3.2　中湿条件

#### 4.3.2.1　供水温度的影响

除湿空调系统的性能以 PM 模式为例，以再生温度为 80 ℃进行计算。中湿工况下供水温度对除湿空调系统出口空气温度和含湿量的影响分别如图 4-12 和图 4-13 所示。当 $T_f$ 从 12.0 ℃升高到 18.0 ℃，$T_2$ 从 16.9 ℃升到 20.7 ℃，$T_3$ 从 30.2 ℃升到 34.0 ℃，$T_4$ 从 21.5 ℃升到 22.6 ℃，系统进出口空气之间的温差从 10.5 ℃降低到 9.4 ℃。当供水温度 $T_f$ 从 12.0 ℃升到 18.0 ℃，$d_2$ 从 11.9 g/kg 增加到 14.6 g/kg，$d_3$ 和 $d_4$ 均从 7.2 g/kg 增加到 10.2 g/kg，系统进出口空气含湿量的差值从 10.8 g/kg 降低至 7.8 g/kg。

图 4-14 为中湿工况下供水温度对除湿空调系统效率的影响。当供水温度 $T_f$ 从 12.0 ℃升高到 18.0 ℃，潜热效率从 0.60 降至 0.43，显热效率从 0.33 降至 0.30，全热效率从 0.49 降至 0.38。

中湿工况下供水温度对舒适性区域分布的影响如图 4-15 所示。当供水温度 $T_f$ 从 12.0 ℃升高到 18.0 ℃，供应的处理空气温度低于 26 ℃，含湿量低于

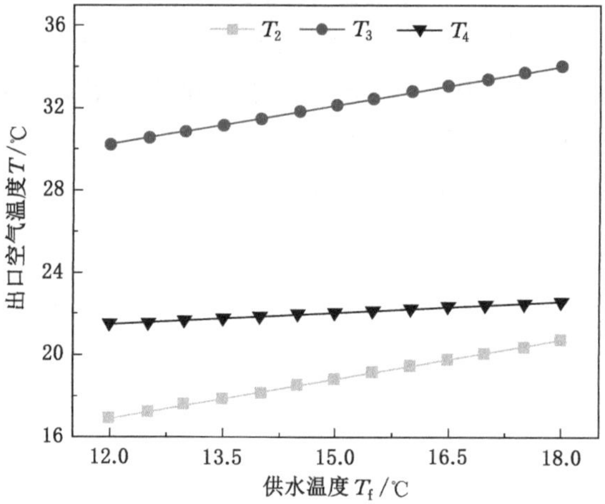


图 4-12　中湿工况下供水温度对除湿空调系统出口空气温度的影响

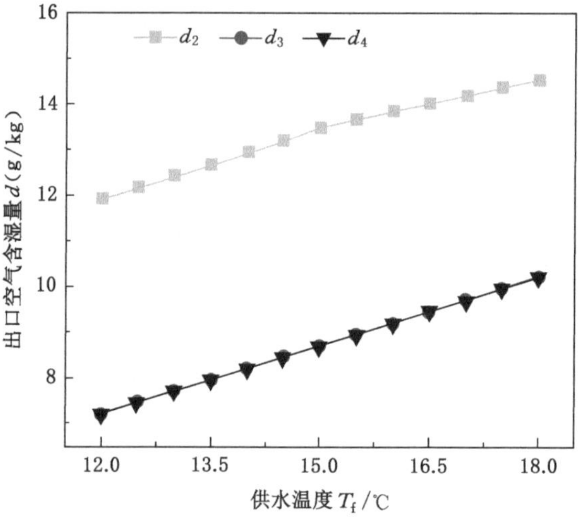


图 4-13　中湿工况下供水温度对除湿空调系统出口空气含湿量的影响

12.6 g/kg,除湿空调系统出口空气的状态参数符合室内舒适性的需求。

#### 4.3.2.2　再生温度的影响

中湿工况下再生温度对除湿空调系统出口空气温度和含湿量的影响如图 4-16 和图 4-17 所示。以 PM 模式为例,除湿空调系统供水温度为 16.0 ℃,再生温度 $T_7$ 从 60.0 ℃升高到 99.0 ℃。随着再生温度 $T_7$ 升高,$T_3$ 迅速升高,$d_3$

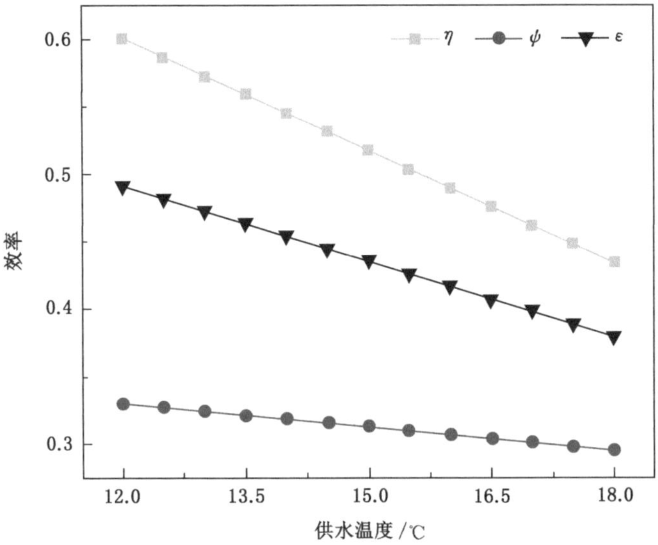


图 4-14　中湿工况下供水温度对除湿空调系统效率的影响

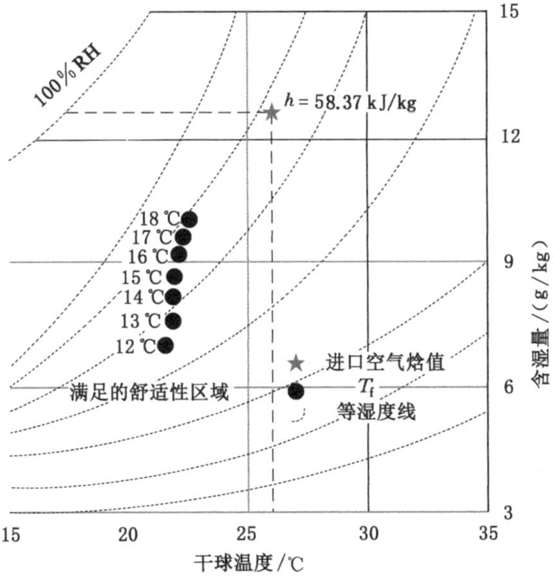


图 4-15　中湿工况下供水温度对舒适性区域分布的影响

迅速减小，$T_4$ 和 $T_3$ 之间的温差增大，$d_3$ 与 $d_4$ 相同，因为在中湿条件下，第二级表冷器对处理空气不进行除湿。

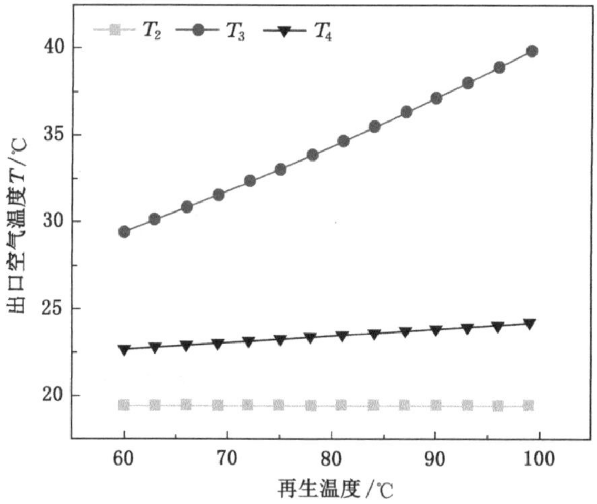


图 4-16　中湿工况下再生温度对除湿空调系统出口空气温度的影响

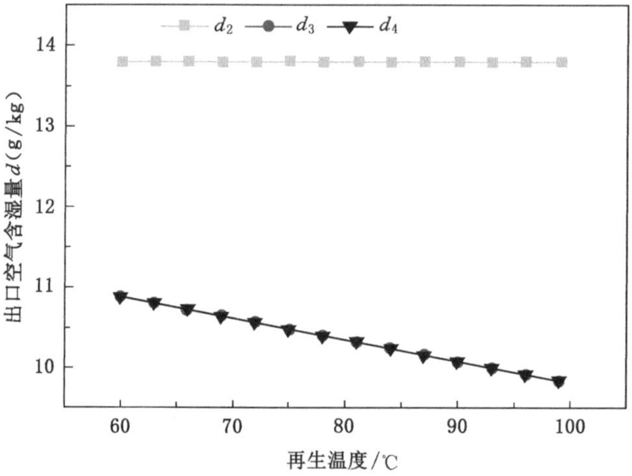


图 4-17　中湿工况下再生温度对除湿空调系统出口空气含湿量的影响

中湿工况下再生温度对除湿空调系统效率的影响如图 4-18 所示，当再生温度 $T_7$ 从 60 ℃升到 99 ℃，潜热效率从 0.39 增加到 0.45，显热效率从 0.29 降至 0.24，全热效率从 0.36 微增至 0.37。

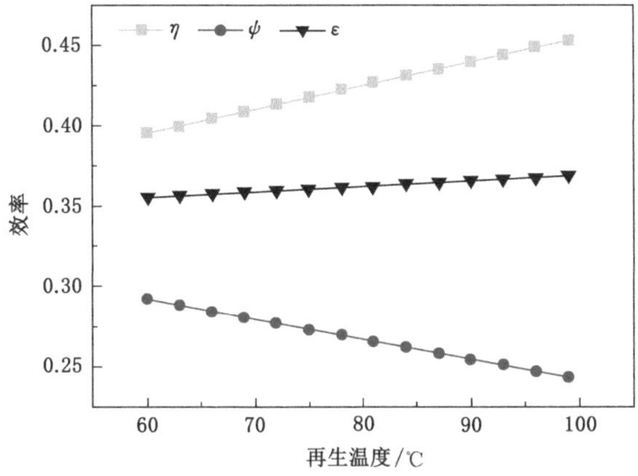


图 4-18　中湿工况下再生温度对除湿空调系统效率的影响

### 4.3.3 低湿条件

4.3.3.1　供水温度的影响

除湿空调系统的性能以 PM 模式为例，以再生温度为 80 ℃进行计算。低湿工况下供水温度对除湿空调系统出口空气温度和含湿量的影响分别如图 4-19 和图 4-20 所示。当 $T_f$ 从 12.0 ℃升高到 18.0 ℃，$T_2$ 从 16.5 ℃升到 20.2 ℃，$T_3$ 从 30.0 ℃升到 33.5 ℃，$T_4$ 从 21.0 ℃升到 22.1 ℃，系统进出口空气之间的温差从 11.0 ℃减小到 9.9 ℃；$d_2$ 从 11.1 g/kg 增加到 11.8 g/kg，$d_3$ 和 $d_4$ 均从 6.4 g/kg 增加到 7.3 g/kg，系统进出口空气含湿量的差值从 5.5 g/kg 降低 4.6 g/kg。

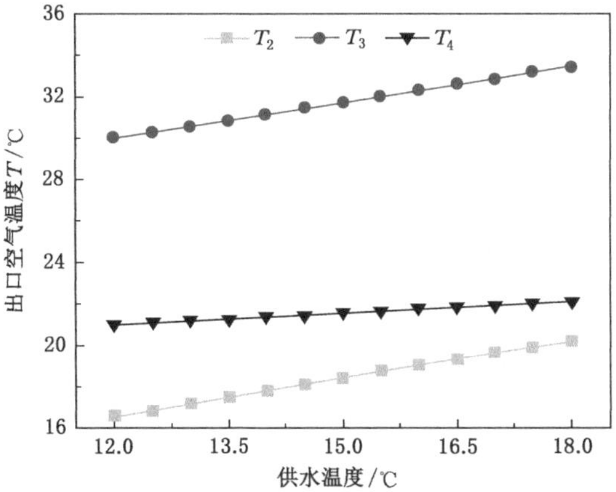


图 4-19　低湿工况下供水温度对除湿空调系统出口空气温度的影响

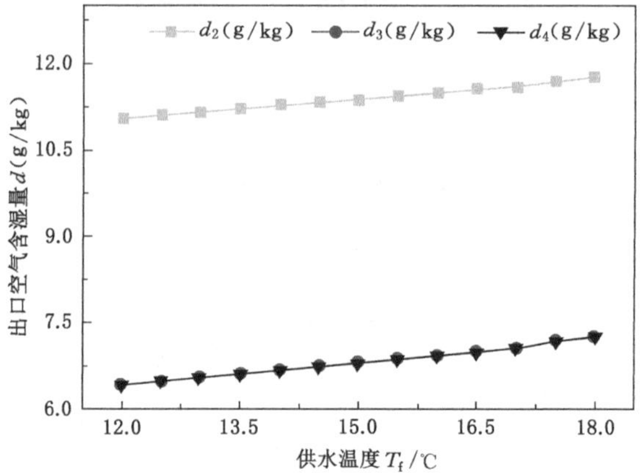


图 4-20 低湿工况下供水温度对除湿空调系统出口空气含湿量的影响

低湿工况下供水温度对除湿空调系统效率的影响如图 4-21 所示，当供水温度 $T_f$ 从 12.0 ℃升到 18.0 ℃，潜热效率从 0.46 降至 0.39，显热效率从 0.34 降至 0.31，全热效率从 0.40 降至 0.35。

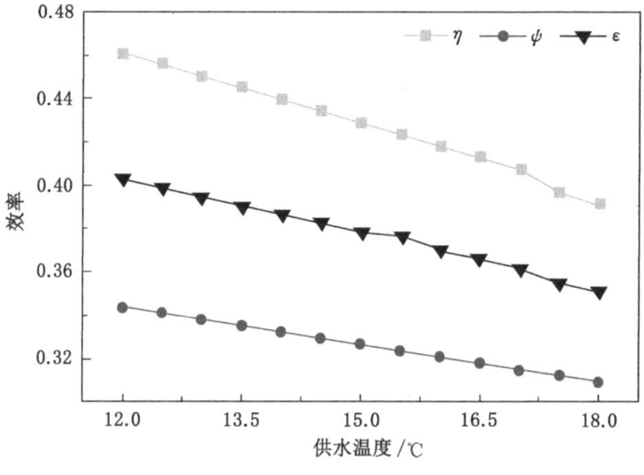


图 4-21 低湿工况下供水温度对除湿空调系统效率的影响

低湿工况下供水温度对舒适性区域分布的影响如图 4-22 所示，当供水温度 $T_f$ 从 12.0 ℃升到 18.0 ℃，处理空气温度低于 26 ℃，除湿空调含湿量低于 12.6 g/kg，除湿空调系统出口空气能满足室内舒适性需求。

4.3.3.2 再生温度的影响

低湿工况下再生温度对除湿空调系统出口空气温度和含湿量的影响分别如

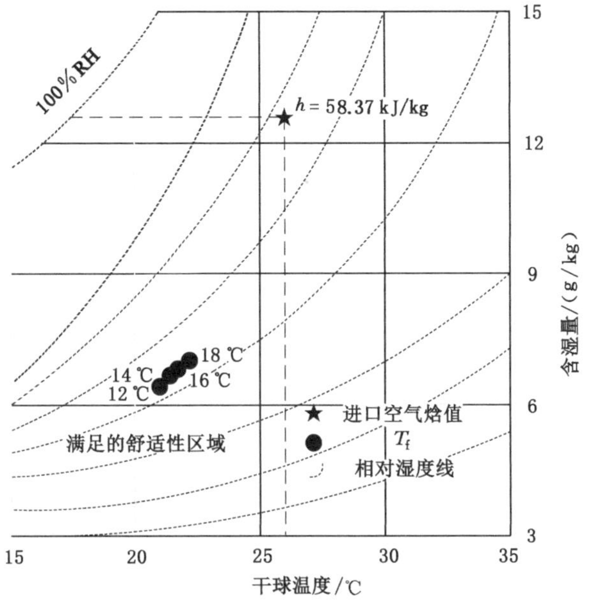


图 4-22　低湿工况下供水温度对舒适性区域分布的影响

图 4-23 和图 4-24 所示。当供水水温为 16.0 ℃，再生温度 $T_7$ 从 60 ℃ 升到 99 ℃，$T_3$ 升高，$d_3$ 减少，$T_4$ 和 $T_3$ 之间的温差增大，$d_3$ 与 $d_4$ 相同，因为在低湿度条件下，第二级表冷器对处理空气不进行除湿。

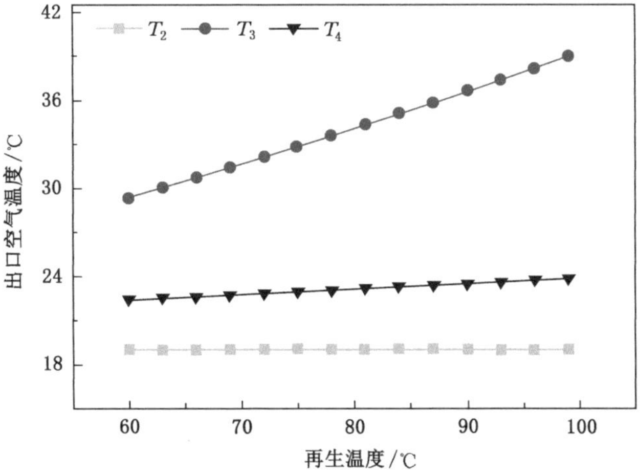


图 4-23　低湿工况下再生温度对除湿空调系统出口空气温度的影响

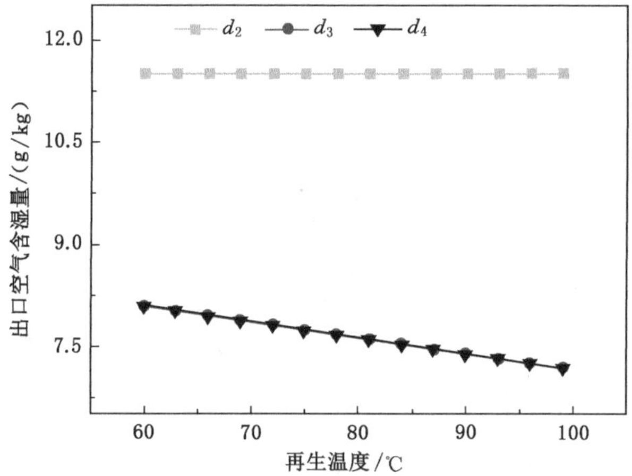


图 4-24　低湿工况下再生温度对除湿空调系统出口空气含湿量的影响

低湿工况下再生温度对除湿空调系统效率的影响如图 4-25 所示，当再生温度 $T_7$ 从 60 ℃升到 99 ℃，潜热效率从 0.32 增加到 0.40，显热效率从 0.30 降至 0.25，全热效率从 0.31 微增至 0.33。

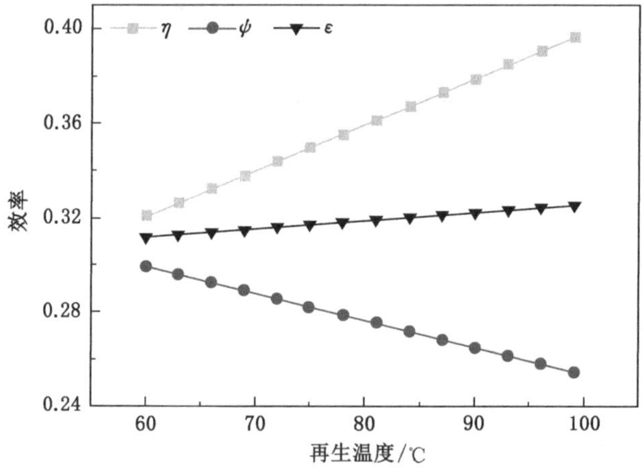


图 4-25　低湿工况下再生温度对除湿空调系统效率的影响

# 第 5 章　太阳能驱动除湿空调系统

## 5.1　系统原理

可再生能源是理想的再生热源，适合除湿空调系统。大量的研究将太阳能系统应用于除湿空调系统中。太阳能热水系统、光伏系统和光伏/光热系统均能有效降低空调系统的能耗，本章分别研究太阳能热水系统、光伏系统和光伏/光热系统与除湿空调系统结合。

太阳能驱动除湿空调系统由太阳能系统模块和除湿空调系统模块组成，太阳能驱动除湿空调系统原理图如图 5-1 所示。其中除湿空调系统模块将室外空气处理至建筑要求的温湿度区间内。太阳能模块分为太阳能热水系统、光伏系统和光伏/光热系统。

太阳能热水系统由平板集热器、水泵、水箱和控制器组成，旨在向除湿空调系统提供热水，通过空气-水换热器提供系统所需的再生热量，若热水温度较低，则利用辅助加热器中的电加热器进行加热。

光伏系统由太阳能电池组、太阳能控制器、蓄电池组、逆变器组成。利用光伏系统中的蓄电池组可向除湿空调系统中的用电设备提供所需电量。

光伏/光热系统由光伏/热集热器、蓄热水箱、控制器、蓄电池组、逆变器和换热器组成，不但可提供热水给空气-水换热器以满足除湿空调系统对再生热量的需求，而且可提供电量给用电设备来维持除湿空调系统中用电设备的运行。

根据不同季节建筑的需求，可通过控制阀门的启闭实现不同工况的变化。根据建筑全年负荷变化情况，通过控制阀门的启闭，实现冬夏季不同的空气处理需求。

夏季工况下关闭 CV1 和 CV4，开启 CV2 和 CV3。在处理空气侧，高温高湿的室外新风 A 经过转轮除湿机除湿升温后得到高温低湿的空气 B，经过热管换

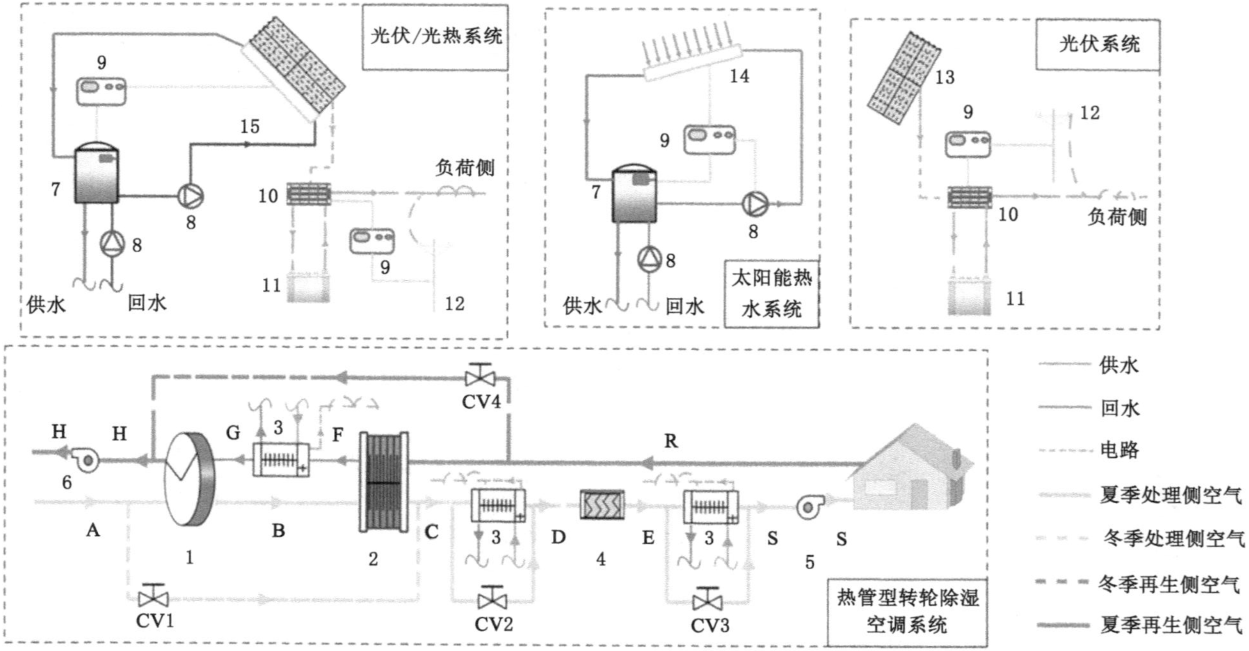


1—转轮除湿机；2—热管换热器；3—空气-水换热器；4—湿膜加湿器；5—处理侧风机；
6—再生侧风机；7—水箱；8—水泵；9—控制器；10—逆变器；11—蓄电池；
12—电网；13—光伏组件；14—平板集热器；15—光伏/光热集热器。

图 5-1 太阳能驱动除湿空调系统原理图

热器蒸发侧等湿降温后到状态点 C,再经湿膜加湿器冷却加湿到送风状态点 S 后送入室内。在再生空气侧,室内回风 R 进入热管冷凝侧等湿升温到状态点 F,再经由空气-水换热器升温到状态点 G,送入转轮除湿机再生侧解吸脱附后经再生风机排出。

冬季工况下开启 CV1 和 CV4,关闭 CV2 和 CV3。在处理空气侧,室外新风 A 经过空气-水换热器加热升温到状态点 D,经过湿膜加湿器加湿冷却到状态点 E,再经由空气-水换热器加热到送风状态点 S 后送入室内。在再生空气侧,室内回风 R 经再生风机排出。

## 5.2　数学模型

对太阳能驱动除湿空调系统进行仿真模拟,对模拟作出如下假设:

① 忽略系统中管路的热传导损失。

② 忽略管道中流体的沿程阻力及阻力损失。

③ 假定随着系统运行,设备各原始数据保持不变。

④ 不考虑蓄电池和逆变器充放电过程中的损耗。

⑤ 假定转轮除湿机的为惯性系统,不需要耗电。

### 5.2.1　光伏/光热集热器

通过在平板集热器上添加一个光伏组件,为组合式光伏/光热集热器建模。利用阵列的Ⅰ-Ⅴ曲线来求解峰值功率或某些外加电压下的电流输出。根据总太阳辐射量、透射率、吸收率和孔径-集热器比计算太阳增益:

$$S = H_r(\tau\alpha)A_r \tag{5-1}$$

式中　$H_r$——总辐射量,kJ/(h · m$^2$);

$\tau$——透射率;

$a$——吸收率;

$A_r$——孔径和集热器面积之比。

光伏/光热集热器的初始参考电池温度通过式(5-2)计算:

$$T_{cell,ref,init} = \frac{U_L(T_P - T_{in})}{C_b} + T_P \tag{5-2}$$

其中:

$$T_P = \frac{C_b}{U_L(C_b + U_L) + C_b U_L} \tag{5-3}$$

式中 $T_P$——管道内流体平均温度，K。

总损耗系数 $U_L$ 根据透射率和电池温度进行调整：

$$U_L = U_{L,ref} - \tau H_r(\eta_{ref} A_P)[1 - C_{cell,temp}(T_a - T_{ref})] \frac{1}{T_i - T_a} \tag{5-4}$$

式中 $T_P$——管道内流体平均温度，K；

$T_{in}$——收集器入口温度，K；

$C_b$——光伏电池板与收集器之间的热阻，kJ/(h·K)；

$U_{L,ref}$——总损耗系数(在调节透光率和电池温度之前)，kJ/(h·m²·K)；

$\eta_{ref}$——在参考条件下的光伏电池效率；

$A_P$——光伏电池面积与总吸收器面积之比；

$C_{cell,temp}$——电池组件表面的损失系数，kJ/(h·m²·K)；

$T_i$——流体入口温度，K；

$T_a$——环境空气温度，K；

$T_{ref}$——光伏电池效率的参考温度，K。

### 5.2.2 光伏阵列

光伏阵列使用来自标称工作单元温度测量值的温度数据来计算每个时间步长处的模块温度 $T_{PV}$：

$$\frac{\tau\alpha}{U_L} = \frac{T_{PV,NOCT} - T_{a,NOCT}}{G_{T,NOCT}} \tag{5-5}$$

式中 $\tau$——透射比；

$\alpha$——吸收比；

$T_{PV,NOCT}$——额定条件下的模块温度，K；

$T_{a,NOCT}$——额定条件下的环境温度，K；

$G_{T,NOCT}$——额定条件下的入射辐射，kJ/(h·m²)。

### 5.2.3 光热集热器

使用标准的二次效率方程对平板太阳能集热器的热性能进行建模。使用时需提供效率方程的系数，这些系数可从标准收集器性能测试中获得。温差是流体温度和环境温度之间的差值，流体温度可以是入口温度、平均温度或出口温度。该组件假设效率/效率曲线可以建模为二次方程。对斜率、截距和曲率参数

进行修正,效率一般方程为:

$$\eta = a_0 - a_1 \frac{(\Delta T)}{I_T} - a_2 \frac{(\Delta T)^2}{I_T} \tag{5-6}$$

式中　$a_0$——集热器效率的截距;

$a_1$——一阶系数,kJ/(h·m²·K);

$a_2$——二阶系数,kJ/(h·m²·K);

$\Delta T$——流体进出口温差,K。

### 5.2.4　转轮除湿机

通过计算空气入口的势函数 $F_1$ 和 $F_2$ 的值,确定转轮除湿机空气出口参数:

$$F_1 = \frac{-2\ 865}{T^{1\ 490}} + 4.344 d^{0.862\ 4} \tag{5-7}$$

$$F_2 = \frac{T^{1\ 490}}{6\ 360} - 1.127 d^{0.079\ 69} \tag{5-8}$$

式中　$T$——温度,K;

$d$——含湿量,kg/kg。

通过迭代方法计算收敛于处理侧出口空气含湿量的值,再通过调用空调物性参数程序计算空气离开转轮除湿机处理侧的空气状态,最后可计算出由转轮除湿机传输的能量为:

$$q = m_{\text{pro}}(h_{\text{out}} - h_{\text{in}}) \tag{5-9}$$

式中　$m_{\text{pro}}$——处理空气质量流量,kg/s;

$h_{\text{out}}$,$h_{\text{in}}$——转轮除湿机处理侧出口和进口的焓,kJ/kg。

通过转轮除湿机去除的水分为:

$$W_{\text{cond}} = m_{\text{pro}}(d_{\text{out}} - d_{\text{in}}) \tag{5-10}$$

式中　$d_{\text{out}}$,$d_{\text{in}}$——转轮除湿机处理侧出口和进口的含湿量,g/kg。

再生侧出口处的空气状态为:

$$h_{\text{out,reg}} = h_{\text{in,reg}} - \frac{q}{m_{\text{reg}}} \tag{5-11}$$

式中　$h_{\text{out,reg}}$,$h_{\text{in,reg}}$——转轮除湿机再生侧出口和进口的焓,kJ/kg;

$m_{\text{reg}}$——再生空气质量流量,kg/s。

### 5.2.5　热管换热器

首先确定两个气流入口处的空气比热,然后确定最小热容比热,因为正是该气流将限制可传输的能量大小。使用下式计算最小热容：

$$c_{\min} = \mathrm{MIN}(m_{\mathrm{air},1} c_{p_{\mathrm{air},1}}, m_{\mathrm{air},2} c_{p_{\mathrm{air},2}}) \tag{5-12}$$

换热过程中传递的能量通过下式计算：

$$Q_{\mathrm{air}} = \varepsilon c_{\min}(T_{\mathrm{air,in1}} - T_{\mathrm{air,in2}}) \tag{5-13}$$

式中 $\varepsilon$——换热效率；

$m_{\mathrm{air},1}$，$m_{\mathrm{air},2}$——入口空气 1 和入口空气 2 的质量流量，kJ/h；

$c_{p_{\mathrm{air},1}}$，$c_{p_{\mathrm{air},2}}$——入口空气 1 和入口空气 2 的比定压热容，kJ/(kg·K)；

$c_{\min}$——最小热容，kJ/(h·K)；

$T_{\mathrm{air,in1}}$，$T_{\mathrm{air,in2}}$——入口 1 和入口 2 空气温度，K。

### 5.2.6 湿膜加湿器

通过迭代过程查找对应于所需出口相对湿度的空气出口状态，过程中气流产生的能量为：

$$Q_{\mathrm{air}} = m(h_{\mathrm{airIn}} - h_{\mathrm{airOut}}) \tag{5-14}$$

式中 $m$——空气质量流量，kJ/h；

$h_{\mathrm{airIn}}$——入口空气焓值，kJ/kg；

$h_{\mathrm{airOut}}$——出口空气焓值，kJ/kg。

## 5.3 仿真模型

图 5-2 是太阳能驱动除湿空调系统 TRNSYS 仿真模型图。太阳能热水系统、光伏系统和光伏/光热系统 3 种系统的连接类似，其中太阳能热水系统使用平板集热器，通过热水回路提供热量；光伏系统利用光伏阵列，通过逆变器与蓄电池模块组提供电量。太阳能驱动除湿空调系统部件参数见表 5-1。

**表 5-1 太阳能驱动除湿空调系统部件参数**

| 部件 | TRNSYS 型号 | 参数 |
| --- | --- | --- |
| 转轮除湿机 | Type 1716b | $F_1$:0.1，$F_2$:0.55；<br>处理侧流量:835 kg/h；<br>再生侧流量:360 kg/h；<br>再生温度：70 ℃ |
| 热管换热器 | Type 689 | 效率：0.9 |

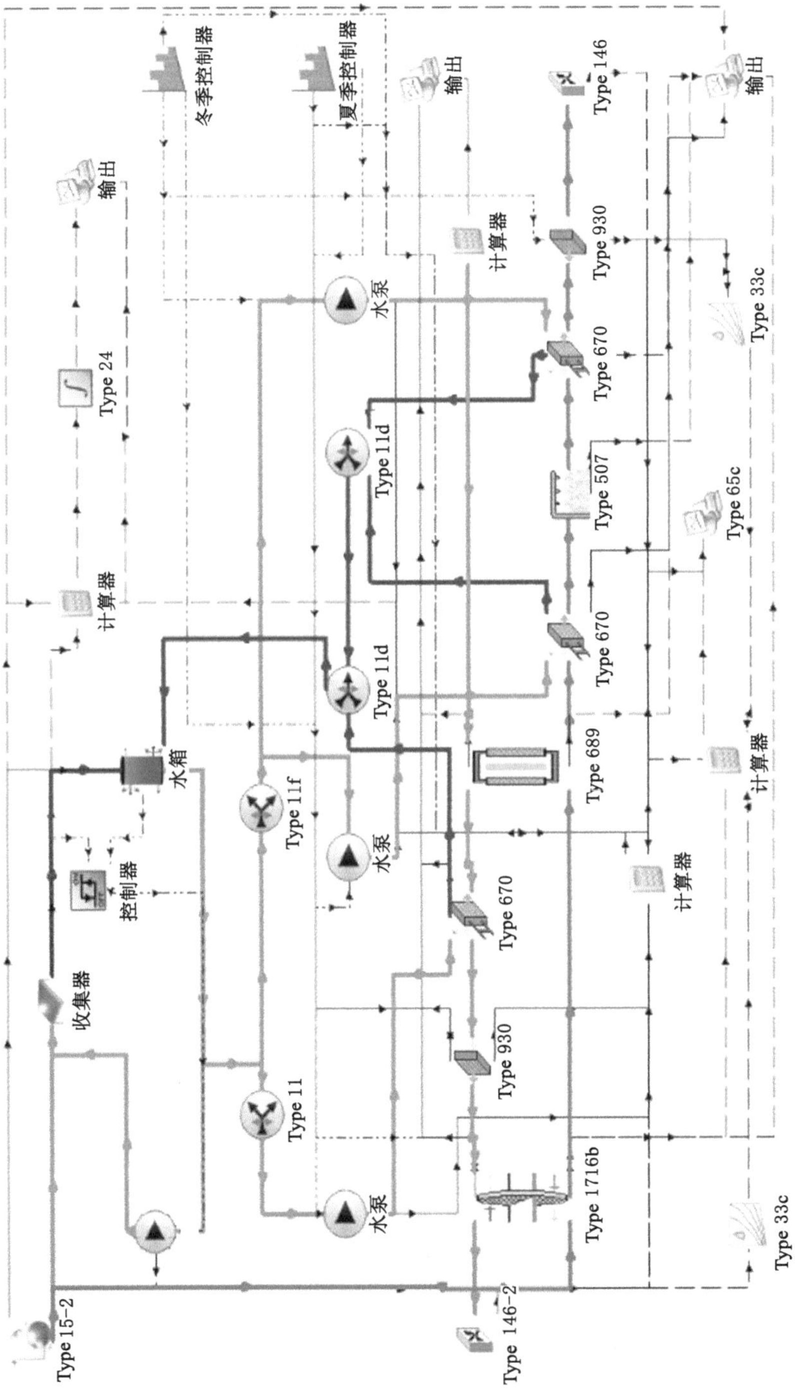


（a）太阳能热水系统驱动除湿空调系统

图 5-2　太阳能驱动除湿空调系统 TRNSYS 仿真模型图

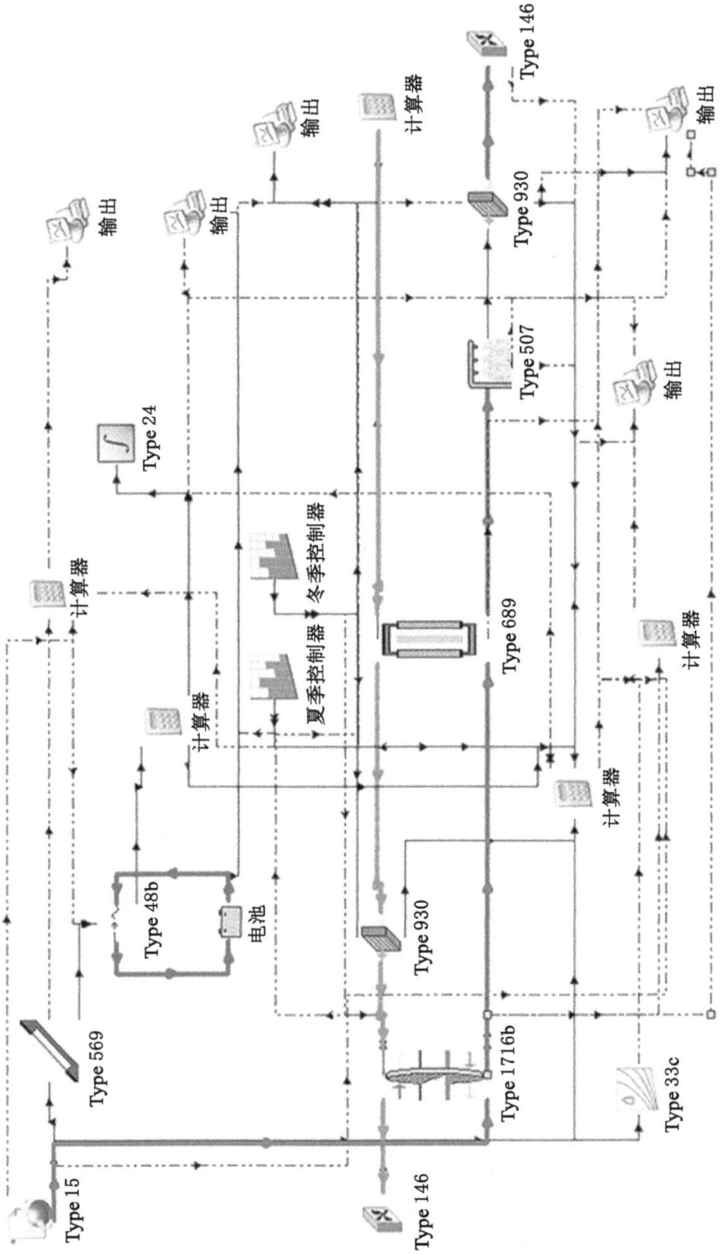


（b）光伏系统驱动除湿空调系统

图 5-2（续）

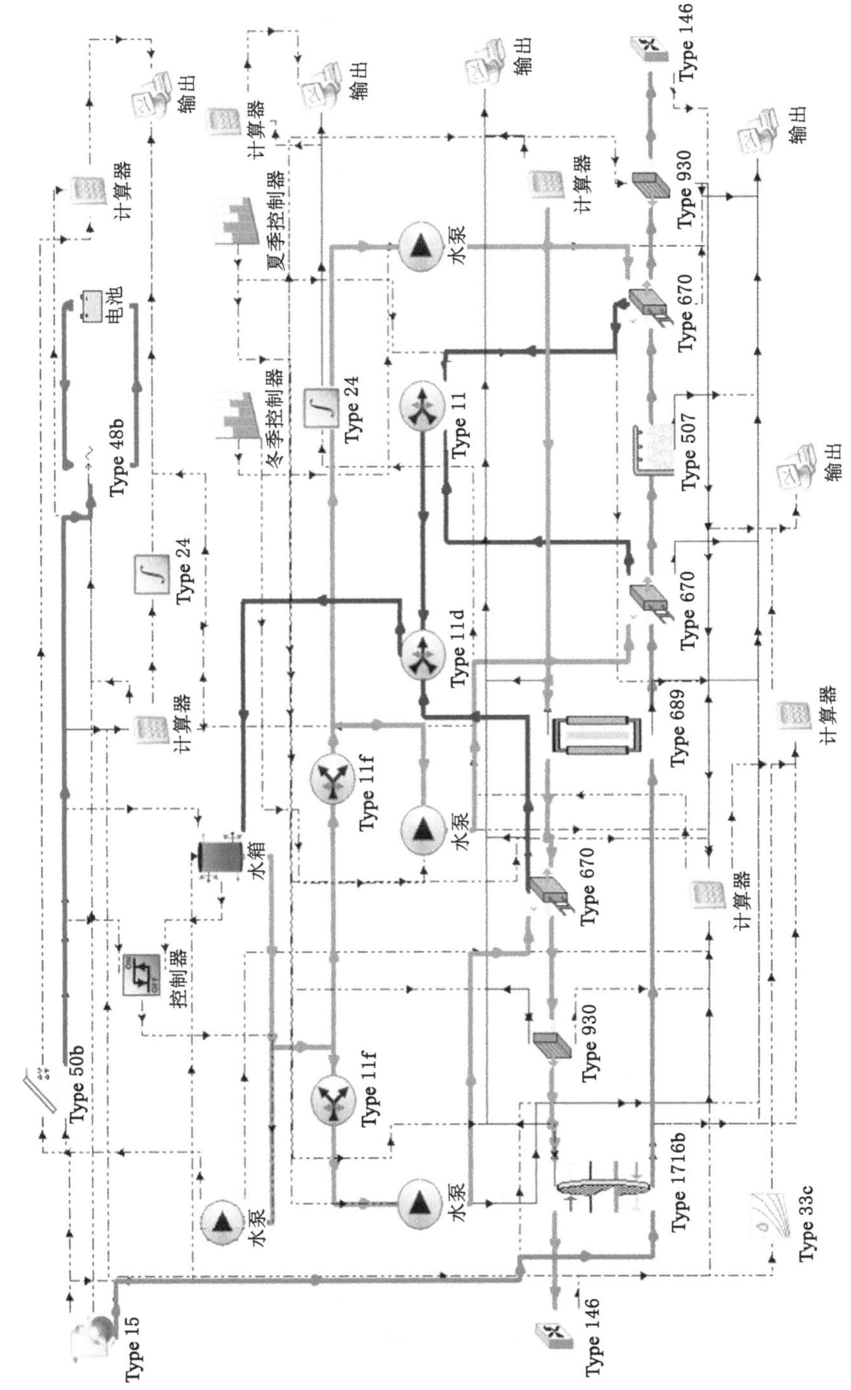


（c）光伏 / 光热系统驱动除湿空调系统

图 5-2（续）

表 5-1(续)

| 部件 | TRNSYS 型号 | 参数 |
| --- | --- | --- |
| 湿膜加湿器 | Type 507 | 出口相对湿度：57 % |
| 光伏/光热集热器 | Type 50b | 面积：40 $m^2$；<br>倾斜角：30°<br>容积利用系数：0.744 |
| 平板集热器 | Type 1b | 面积：40 $m^2$；<br>倾斜角：30°；<br>液体流量：800 kg/h |
| 辅助加热器 | Type 930 | 加热效率：10 000 kJ/h |
| 水箱 | Type 4c | 分层数：6<br>热损失系数：0.833 W/($m^2$ · K) |
| 蓄电池 | Type 47a | 电池容量：16.7 Ah<br>转换效率：0.9 |
| 逆变器 | Type 48b | 调节器效率：0.89<br>逆变器效率：0.95 |
| 水泵 | Type 114 | 发动机效率：0.9 |
| 风机 | Type 146 | 处理侧功率：0.5 kW；<br>再生侧功率：0.2 kW |
| 换热器 | Type 670 | 效率：0.75 |

## 5.4 实验验证

在 TRNSYS 中建立除湿空调系统模型，将仿真模拟中各设备的出口温度与除湿空调系统实验台测量的各设备出口温度进行对比，以验证仿真系统的可行性。设计空调系统模拟条件与实验条件(处理侧入口空气含湿量为 18 g/kg，再生侧入口空气温度为 25 ℃，再生侧入口空气含湿量为 8.8 g/kg，再生温度为 70 ℃)相同，改变处理侧空气进口温度从 28 ℃至 32 ℃。由图 5-3 模拟结果与实验结果的相关性可知，设备出口空气温度最大误差值出现在湿膜加湿器出口，误差值为±7%，表明模拟结果与实验结果之间具有一致性。模拟结果和实验测量结果之间存在偏差的可能原因如下：实验过程中不可避免的测量误差影响了测量值的准确性；模拟过程中对 TRNSYS 单个部件的设定值影响了设备性能。

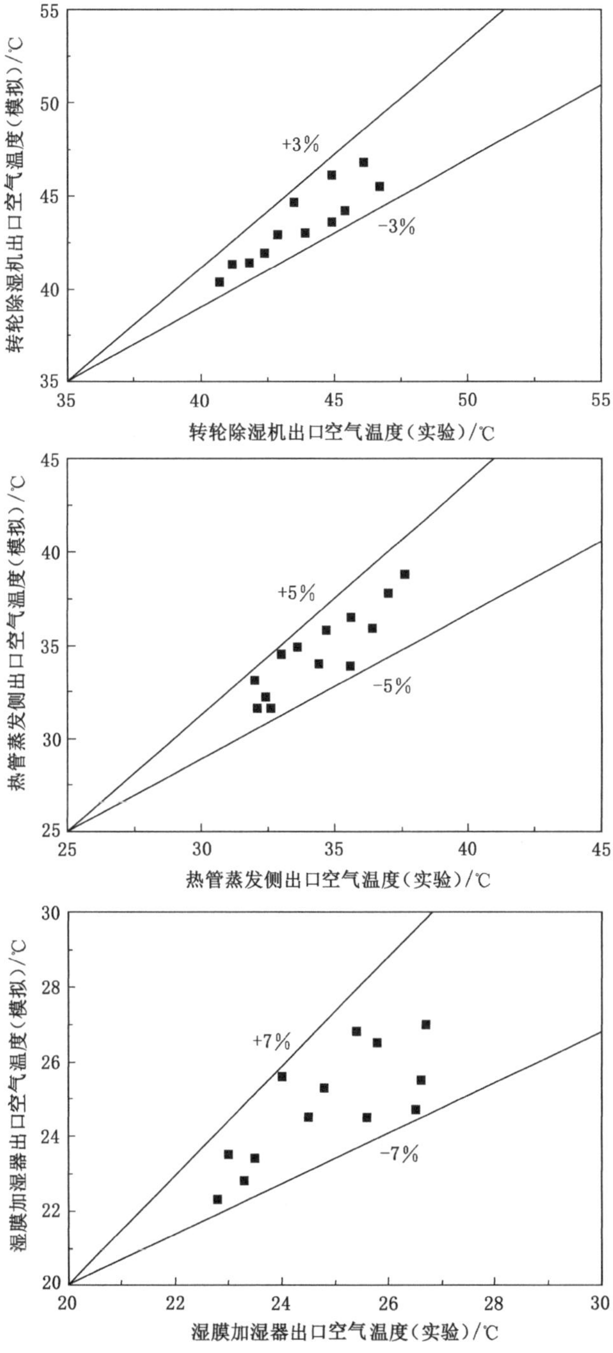


图 5-3　模拟结果与实验结果的相关性

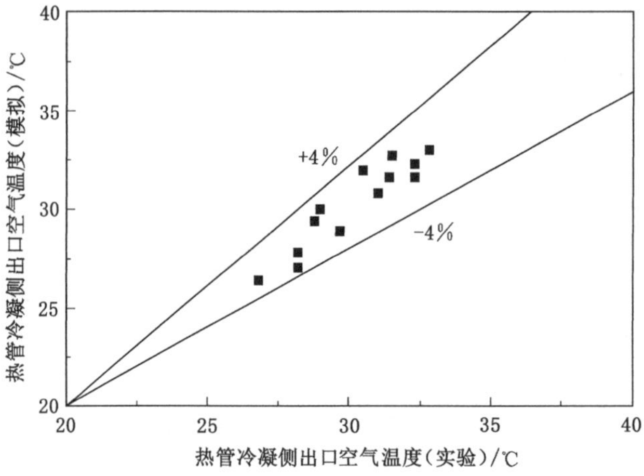


图 5-3 (续)

## 5.5 评价指标

### 5.5.1 太阳能保证率(SF)

太阳能保证率(SF)是计算太阳辐射贡献的一个重要参数,太阳能保证率分为电力和热能两部分,定义如下:

$$SF_{th}=\frac{Q_u}{Q_u+Q_{aux}} \tag{5-15}$$

$$SF_{elec}=\frac{P_u}{P_u+P_{aux}} \tag{5-16}$$

式中 $Q_u$——集热器产生的热量,kW;

$Q_{aux}$——辅助加热器提供的热量,kW;

$P_{col}$——光伏阵列产生的电量,kW;

$P_u$——设备耗电量,kW。

### 5.5.2 热力学性能系数(TCOP)

系数性能指标(TCOP)定义如下:

$$\mathrm{TCOP}=\frac{Q_{\text{sense}}+Q_{\text{latent}}}{E_{\text{total}}}=\frac{Q_{\text{sense}}+Q_{\text{latent}}}{E_{\text{pump}}+E_{\text{fan}}+E_{\text{WMH}}+E_{\text{AH}}} \tag{5-17}$$

式中　$Q_{\text{sense}}$——显热负荷，kW；

$Q_{\text{latent}}$——潜热负荷，kW；

$E_{\text{total}}$——总能耗，kW；

$E_{\text{pump}}$——水泵能耗，kW；

$E_{\text{fan}}$——风机能耗，kW；

$E_{\text{WMH}}$——湿膜加湿器能耗，kW；

$E_{\text{AH}}$——辅助加热器能耗，kW。

### 5.5.3　经济指标

计算参考传统蒸汽压缩制冷系统和除湿空调系统的全生命周期成本(LCC)和回收周期(PBP)，以确定本研究中太阳能驱动除湿空调系统的可行性。全生命周期成本是参考系统和拟定系统整个生命周期内初始成本(IC)和运行成本(OC)的总和。采用现值法计算全生命周期成本。利率($i$)和贴现率($d$)分别为 4%和 3%。使用寿命($n$)为 15 a，假设没有残值。

选择全生命周期成本(LCC)和回收周期(PBP)作为经济指标。LCC 和 PBP 的定义如下：

$$\mathrm{LCC}=\mathrm{IC}+\mathrm{PWF}\times\mathrm{OC} \tag{5-18}$$

其中

$$\mathrm{PWF}=\begin{cases}\dfrac{1}{d-i}\left[1-\left(\dfrac{1+i}{1+d}\right)^{n}\right], & i\neq d\\[2ex] \dfrac{N}{N+1}, & i=d\end{cases} \tag{5-19}$$

$$\mathrm{PBP}=\frac{\mathrm{IC_{prop}}-\mathrm{IC_{conv}}}{\mathrm{OC_{conv}}-\mathrm{OC_{prop}}} \tag{5-20}$$

式中　IC——初始成本，元；

PWF——现值因子；

OC——运行成本，元；

$N$——运行时间，h；

下标 prop——提出系统；

下标 conv——传统系统。

### 5.5.4 热经济系数

对所提出的除湿空调系统进行了热经济学分析。热经济学基于㶲分析和经济学原理，基于㶲效率和单位㶲成本的系统第 $k$ 部分成本率平衡定义如下：

$$\sum_{e}(C_{e}E_{e})_{k}+(C_{w}W)_{k}=(C_{q}E_{q})_{k}+\sum_{i}(C_{i}E_{i})_{k}+Z_{k}N \quad (5\text{-}21)$$

或

$$\sum_{e}C_{e,k}+C_{w,k}=C_{q,k}+\sum_{i}C_{i,k}+Z_{k}N \quad (5\text{-}22)$$

式中 下标 e，i——出口空气和入口空气；

$C_e$——出口空气单位㶲成本，元/kW；

$E_e$——出口空气㶲值，kW；

$C_w$——电力㶲成本，元/kW；

$W$——耗电量，kW；

$C_q$——产品㶲单位㶲成本，元/kW；

$E_q$——产品㶲，kW；

$C_i$——入口空气单位㶲成本，元/kW；

$E_i$——进口空气㶲值，kW；

$Z_k$——资金成本率，元。

热经济系数表示一个组成部分的相对重要性。热经济系数是非㶲成本占系统各组成部分总成本增加的比例，定义为：

$$f=\frac{Z_{k}}{Z_{k}+C_{f,k}E_{D,k}} \quad (5\text{-}23)$$

式中 $C_{f,k}$——平均输入㶲成本，元/h；

$E_{D,k}$——㶲损量，kW。

## 5.6 近零能耗建筑中的应用

### 5.6.1 近零能耗建筑模型

通过 SketchUp 软件进行近零能耗建筑建模设计，近零能耗建筑模型如图 5-4 所示。该近零能耗建筑总建筑面积为 240 $m^2$，层高 3 m，两层均为地上层。设定建筑北向窗墙比为 0.2，南向窗墙比为 0.17。

建筑概况在 TRNbuild 中进行设置，TRNbuild 中围护结构通过在建筑材料

图 5-4 近零能耗建筑模型

库中确定围护结构组成材料及厚度进行计算传热系数，建筑各围护结构热工参数如表 5-2 所示。

**表 5-2 建筑各围护结构热工参数**

| 围护结构 | 构造 | 导热系数 $\lambda$ /[W/(m² · K)] | 厚度/mm | 传热系数 $K$ /[W/(m² · K)] |
|---|---|---|---|---|
| 外墙 | 混合砂浆 | 0.97 | 22 | 0.34 |
| | 岩棉复合混凝土 | 1.74 | 150 | |
| | 水泥基复合砂浆 | 0.06 | 20 | |
| | 模塑聚苯板(EPS) | 0.039 | 180 | |
| | 水泥砂浆 | 0.93 | 15 | |
| 屋面 | 钢筋混凝土 | 1.74 | 150 | 0.44 |
| | 水泥砂浆找平层 | 0.93 | 20 | |
| | 模塑聚苯板(EPS) | 0.039 | 180 | |
| | 细石混凝土 | 1.51 | 50 | |
| 地面 | 细石混凝土 | 1.51 | 100 | 0.7 |
| | 模塑聚苯板(EPS) | 0.039 | 60 | |
| | 水泥砂浆找平层 | 0.93 | 20 | |
| 外窗 | PVC 窗框 | 3.47 | — | 1.69 |
| | Low-E 中空玻璃 | 0.675 | 12 | |

室内热扰主要包括室内设备、照明、人员等室内热湿源。主要形式分为辐

射、传湿、对流热交换或对流质交换。根据《近零能耗建筑技术标准》(GB/T 51350—2019),在本模拟中设定换气次数为 1 次/h;人员设置为轻微劳动状态,设定人员显热散热量为 74 W/h,潜热散热量为 60 W/h,散湿量为 40 g/h;设定人员密度为 13 $m^2$/人,照明功率密度为 15 W/$m^2$,电器设备功率密度为 20 W/$m^2$。工作日和周末的设备、灯光、人员作息如图 5-5 所示。

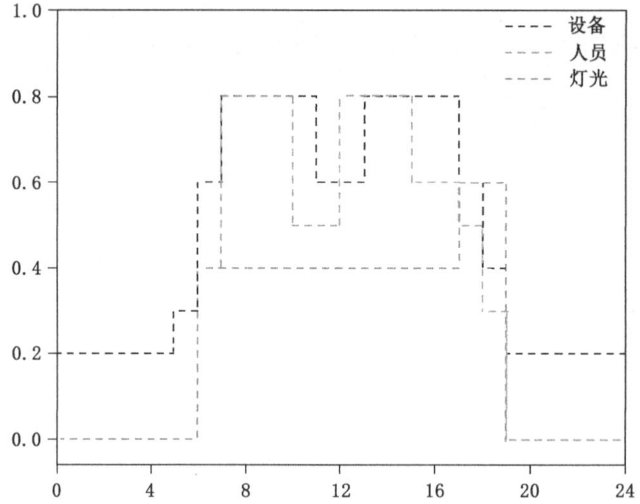


(a) 工作日时间表

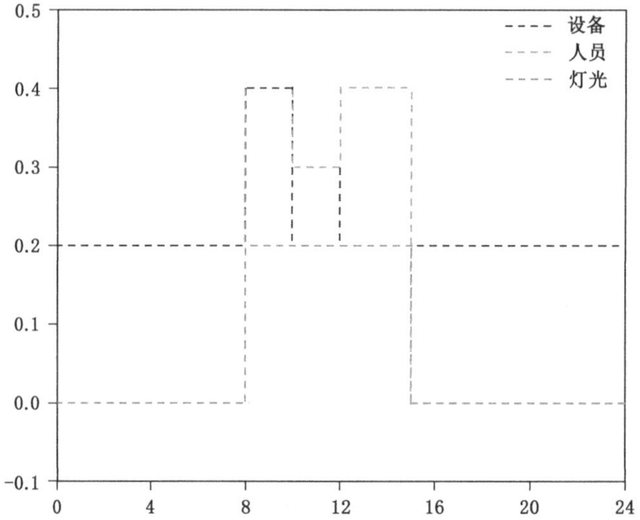


(b) 周末时间表

图 5-5 设备、灯光和人员作息

### 5.6.2　运行性能

#### 5.6.2.1　太阳能保证率

太阳能保证率作为反映太阳能系统提供的能量占除湿空调系统所需的总能量的比值,在很大程度上反映了太阳能系统与除湿空调系统的适配程度。为更好地对比 3 种系统的性能,将太阳能保证率分为太阳能热保证率和太阳能电保证率,太阳能保证率逐时变化如图 5-6 所示。由图 5-6(a)可知,光伏/光热系统的太阳能热保证率显著高于太阳能热水系统的太阳能热保证率,其中太阳能热水系统的太阳能热保证率最高可达 0.5,光伏/光热系统的太阳能热保证率最高可达 1.0。这是因为通过光伏/光热集热器的流体温度高于流过平板集热器的流体温度,这些额外的热量来源于光伏/光热集热器中光伏阵列组在进行太阳能转化电能的过程中产生的大量的散热量。

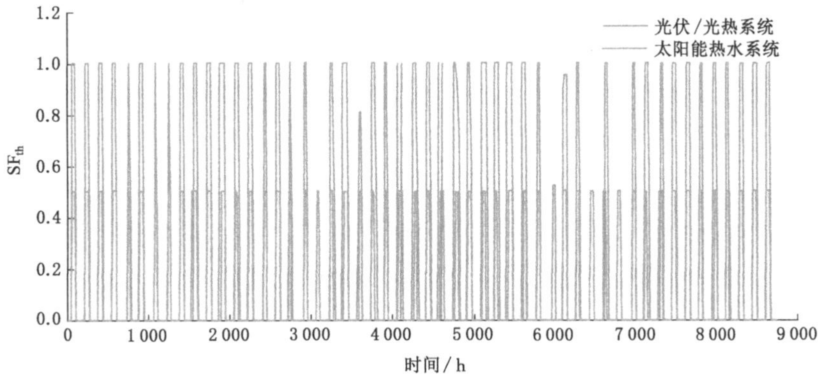


(a) 太阳能热保证率对比

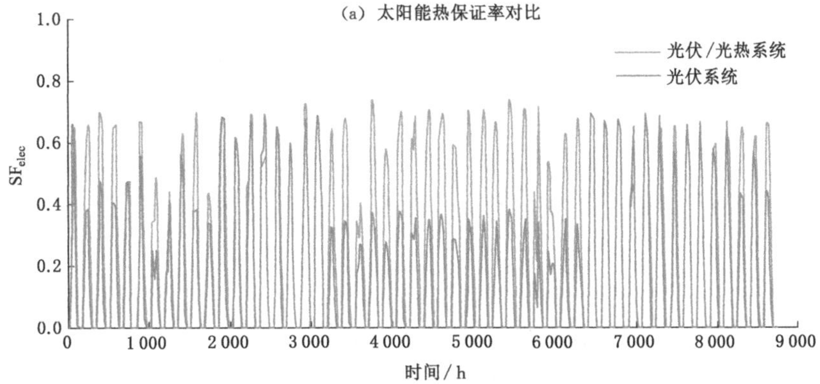


(b) 太阳能电保证率对比

图 5-6　太阳能保证率逐时变化图

图 5-6(b)对比了光伏系统和光伏/光热系统的太阳能电保证率，其中光伏/光热系统的太阳能电保证率最高可达 0.75，光伏系统的太阳能电保证率最高可达 0.70。冬季时光伏系统和光伏/光热系统的太阳能平均电保证率相差不大，分别为 0.20 和 0.21。在夏季，光伏系统的太阳能电保证率显著下降，这是因为转轮除湿机在夏季运行时需要大量的再生能耗，光伏系统仅依靠辅助加热器来提供热量，相比光伏/光热系统耗费了更多的电量。且夏季室外的高温会显著降低光伏阵列的开路电压，从而影响光伏组件的效率，使得产电量下降，光伏/光热系统中通过的流体能及时带走光伏电池组产生的热量，可以减少高温对光电转换效率的影响。

5.6.2.2 能耗性能

图 5-7 为太阳能驱动除湿空调系统各设备耗电量。光伏/光热系统、光伏系统和太阳能热水系统驱动除湿空调系统均在夏季中的 6 月份耗电量最大，分别为 1 299 kW·h，2 700 kW·h 和 2 129 kW·h。太阳能驱动除湿空调系统的总耗电量主要来自辅助加热器、空调设备、水泵和风机 4 个部分。其中辅助加热器对太阳能驱动除湿空调系统总耗电量的影响最大。太阳能驱动除湿空调系统采用定风量，3 种系统风机能耗相等，且全年均不变。

由图 5-7(a)可以看出，在光伏/光热系统驱动除湿空调系统中，风机能耗占比最大，其次是水泵，冬季水泵能耗明显高于夏季，冬季采用了两个加热器，热水流量大于夏季再生热水流量。冬季光伏/光热系统产生的热能足以满足冬季加热器所需的能量，因此冬季辅助加热器的能耗为零。湿膜加湿器的能耗很小，原因是湿膜加湿器是一种小型的结构紧凑的蒸发冷却设备，只需要消耗很少能量将湿膜加湿器底池的水提升到湿膜的顶部，而不需要外接冷源和热源。

由图 5-7(b)可以看出，在光伏系统驱动除湿空调系统中，辅助加热器为主要耗能设备，且夏季的能耗显著高于其他季节。辅助加热器能耗大幅增加是因为夏季转轮除湿机运行需要大量的再生热量，这一部分热量仅依靠辅助加热器提供，辅助加热器利用了大量的高品位能源，使得能耗大幅增加。因而利用光伏系统的除湿空调系统耗能最大。

由图 5-7(c)可以看出，在太阳能热水驱动除湿空调系统中，风机能耗占比最大，其次为辅助加热器。辅助加热器不仅在夏季产生大量耗能，在冬季也产生了一部分能耗，太阳能热水系统的热效率较低，在相同的太阳辐射条件下，产生的热量较少。

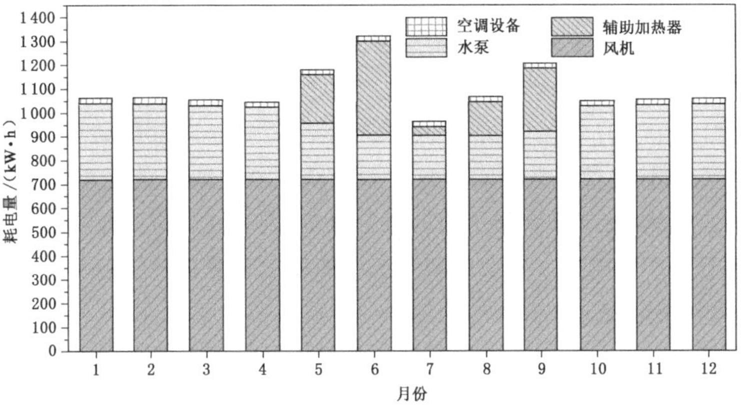


(a) 光伏/光热系统驱动除湿空调系统

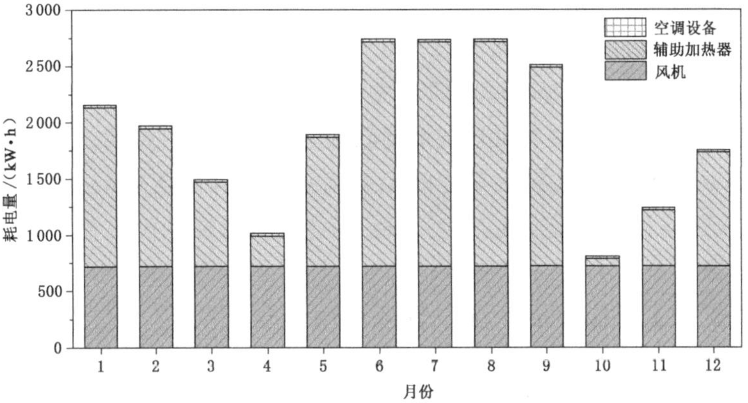


(b) 光伏系统驱动除湿空调系统

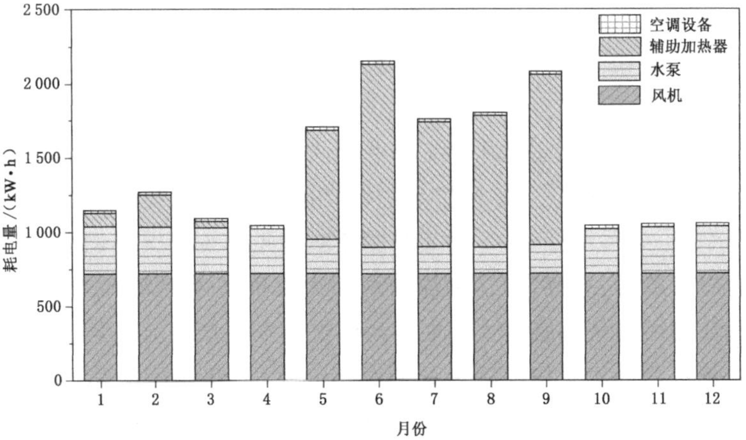


(c) 太阳能热水系统驱动除湿空调系统

图 5-7　太阳能驱动除湿空调系统各设备耗电量

5.6.2.3　热力性能系数(COP)

图 5-8 为太阳能驱动除湿空调系统 COP 逐月变化图,从图中可以看出冬季和夏季的大部分时间中光伏/光热系统的 COP 都高于太阳能热水系统和光伏系统的 COP,其中 7 月利用光伏/光热系统驱动除湿空调系统的 COP 最高值达 3.3,这表明光伏/光热系统驱动除湿空调系统在炎热潮湿的夏季也具有较好的运行性能。光伏/光热系统展示出的良好性能,是因为光伏/光热系统不仅能产生热量而且可产生电量。除湿空调系统中能耗主要来自转轮除湿机所需的再生能耗,大量利用电能这样的高品位能源会造成能源的浪费,因而利用太阳能系统提供的热能满足再生能耗需求更节能。但仅依靠热能不能完全满足除湿空调系统的运行需求,因此光伏/光热系统既能产生大量热能又能提供一定电能,更符合除湿空调系统的需求。

5.6.2.4　夏热冬暖地区空调可行性

为了研究太阳能驱动除湿空调系统在夏热冬暖典型地区的适应性,分析了 5 个典型夏热冬暖地区 3 种太阳能驱动除湿空调系统的可行性。以传统太阳能除湿空调系统做对比,传统太阳能除湿空调系统由太阳能热水系统、转轮除湿机、全热换热器和表冷器组成,在澳大利亚,传统太阳能除湿空调系统全年平均 COP 为 0.7[83]。

图 5-9 为太阳能驱动除湿空调系统的全年平均 COP 与平均能耗。由图 5-9(a)可知,各地区的 3 种太阳能驱动除湿空调系统 COP 都显著高于传统太阳能驱动除湿空调系统 COP,其中利用光伏/光热系统驱动除湿空调系统在各地区都展现了最优性能,其中北海的 COP 最大,达 2.3。5 个夏热冬暖地区中北海的全年相对湿度最大,因而相对湿度对除湿空调系统的 COP 影响更大。

3 种太阳能驱动除湿空调系统的平均能耗如图 5-9(b)所示,选择传统除湿空调系统作为对比[61]。将光伏系统驱动除湿空调系统应用于广州、厦门、北海和南宁时,该系统全年平均 COP 能耗略高于传统除湿空调系统全年平均 COP,在广州、厦门、北海、南宁和深圳利用太阳能热水系统和光伏/光热系统以及在深圳利用光伏系统的太阳能驱动除湿空调系统全年平均能耗均小于传统除湿空调系统全年平均能耗。其中利用光伏/光热系统驱动除湿空调系统的全年平均能耗在各地区均最低,广州利用光伏/光热系统驱动除湿空调系统的全年平均能耗最低,为 54.98 $(kW\cdot h)/m^2$,相较于传统除湿空调系统降低了 35.32%。

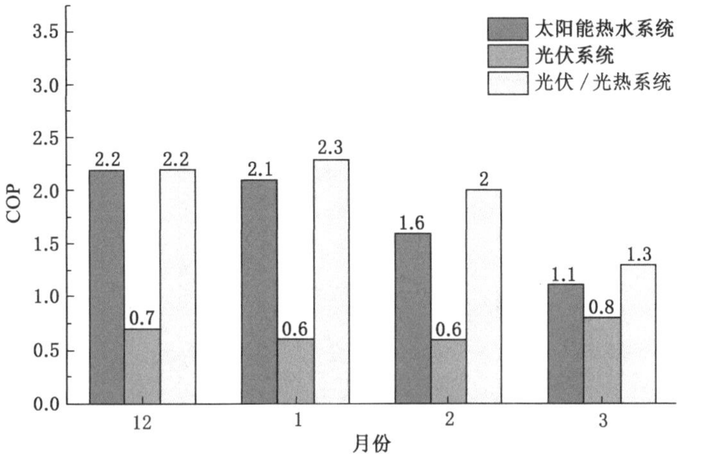


(a) 冬季月平均 COP

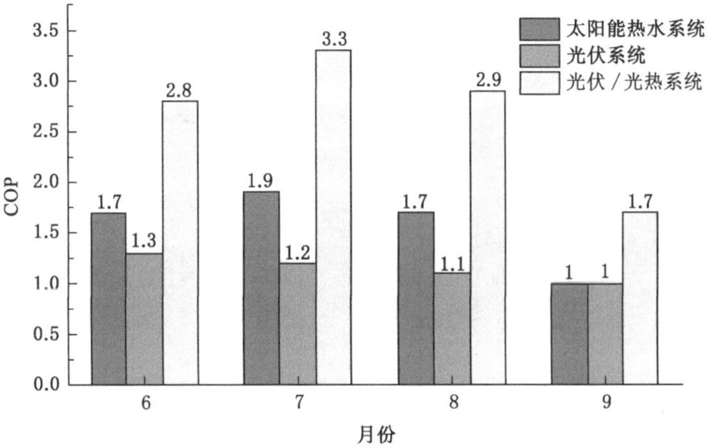


(b) 夏季月平均 COP

图 5-8　太阳能驱动除湿空调系统 COP 逐月变化图

### 5.6.3　室内温湿度

图 5-10 所示为环境温湿度以及太阳能除湿空调系统送风温湿度和室内温湿度变化。由图 5-10 可以看出，建筑室内全年温度可维持在 20～26 ℃，室内湿度基本可维持在 30%～70%，基本满足近零能耗建筑要求。室内温度波动幅度较小是因为近零能耗建筑墙体热容量大、热惰性大，对于室内外两侧的温度波动

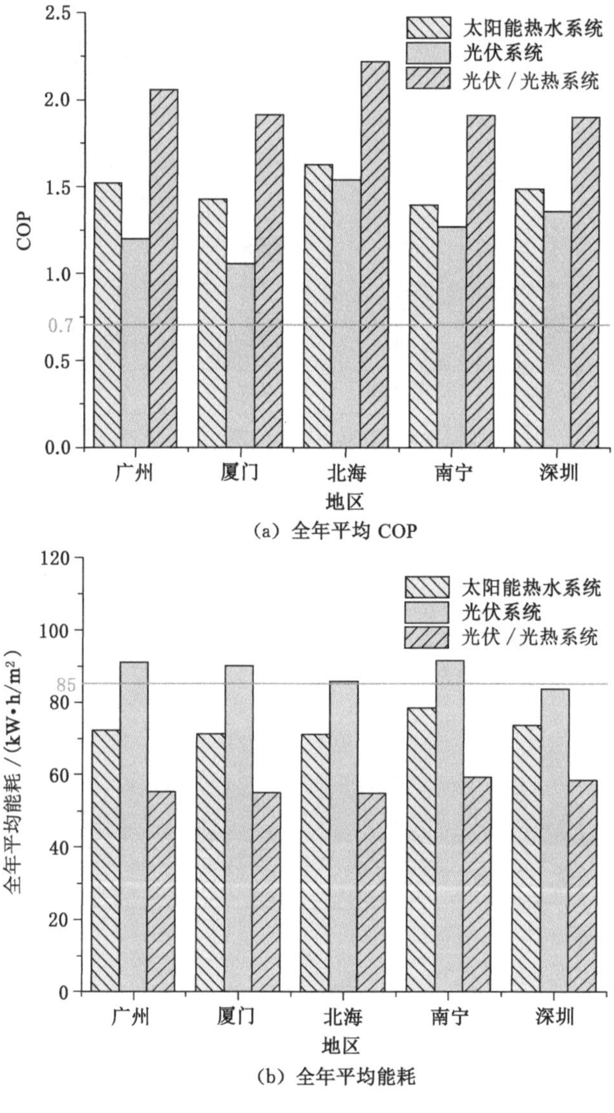


图 5-9　太阳能驱动除湿空调系统的全年平均 COP 与全年平均能耗

响应相对迟缓。室内人员、设备、灯具的散热量使得部分时刻冬季建筑室内温度高于送风温度。室内湿度波动相较于室内温度波动较大是因为近零能耗建筑湿负荷受室外气象参数的影响较大。夏季送风相对湿度恒定，是因为除湿空调系统在通过湿膜加湿器进行冷却的同时，还对处理空气进行加湿。模拟中再生温度设置为 70 ℃。在夏季雨天潮湿气候下，会出现相对湿度较大的个别时刻。除湿空调系统冬季加湿量是通过湿膜加湿器提供的，加湿量与第一级加热器的加热温度直接相关。模拟中考虑到节能的需要，将第一级加热器和第二级加热器的最大加热量设置为 9 000 kJ/h，因此，在冬季寒冷干燥气候下会出现相对湿度较小的个别时刻。夏季出于节能的考虑，除湿空调系统控制中以温度为主，尽可能保证湿度在舒适区内。

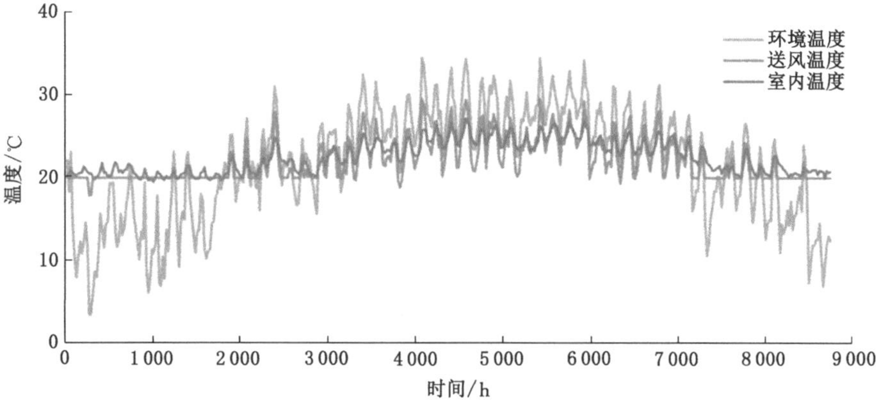


(a) 环境温度、送风温度和室内温度

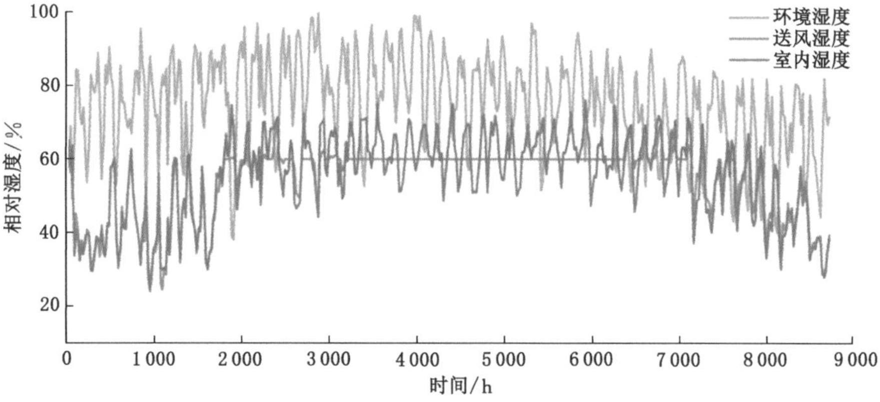


(b) 环境相对湿度、送风相对湿度和室内相对湿度

图 5-10　环境温湿度以及太阳能除湿空调系统送风温湿度和室内温湿度变化

为更好地展示利用太阳能驱动除湿空调系统对近零能耗建筑内温湿度的影响，将其与利用自然通风的近零能耗建筑全年温湿度进行对比。图 5-11 为利用自然通风的近零能耗建筑全年温湿度频率分布图。由图 5-11 可以看出，利用自然通风的近零能耗建筑全年有 50%以上的时间温度不能满足要求，且全年有

60%以上的时间相对湿度大于 70%。

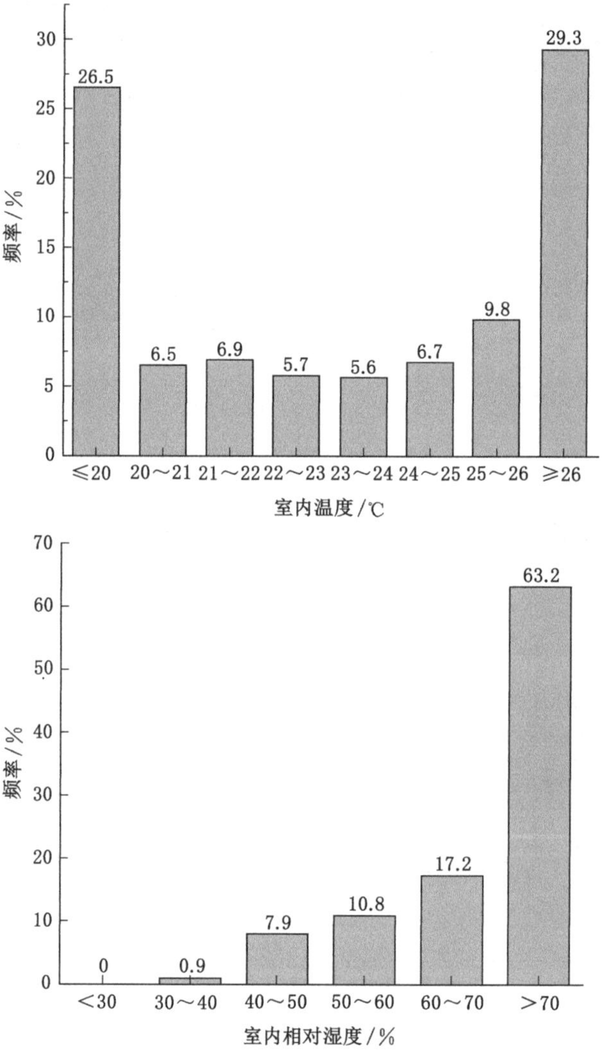


图 5-11　利用自然通风的近零能耗建筑全年温湿度频率分布图

利用除湿空调系统的近零能耗建筑全年温湿度频率分布如图 5-12 所示。由图 5-12 可以看出，经过除湿空调系统处理后，在夏热冬暖地区建筑内过热和高湿的情况大幅减少。由图 5-12(a)可以看出，全年有超过 90%的时间温度可保持在 20～26 ℃，仅有个别时间超过 26 ℃，这是由于夏季的部分时刻，室外气

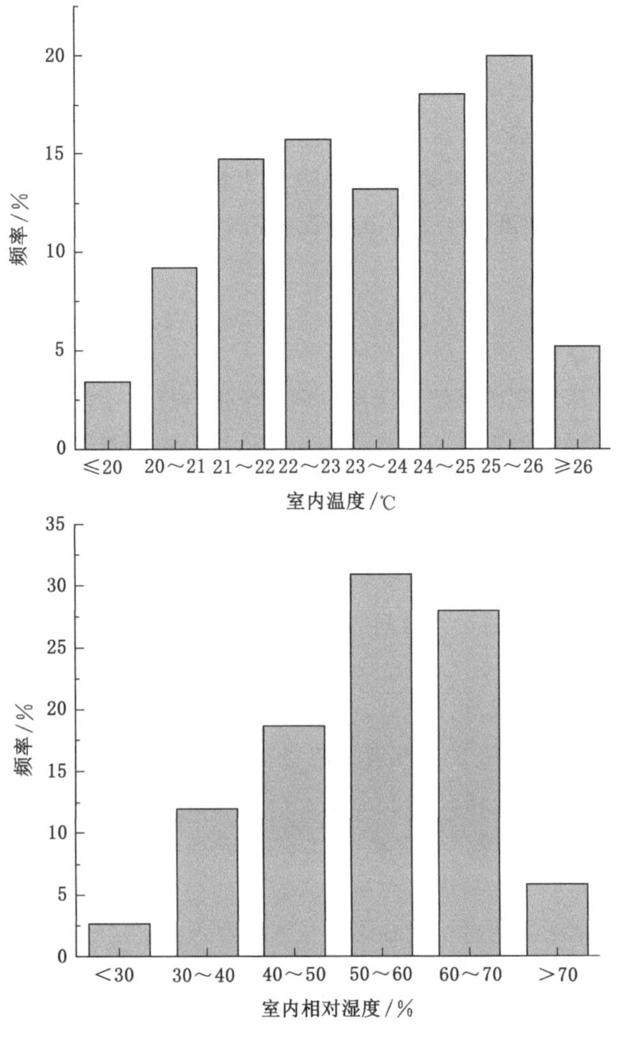


图 5-12　利用除湿空调系统的近零能耗建筑全年温湿度频率分布图

象参数处于极端高温高湿的情况，除湿空调系统降温依靠热管和湿膜蒸发冷却的联合作用，降温能力与空气湿球温度有密切关系，要实现在极端气候条件下建筑室内维持在 26 ℃以下，需辅助其他冷源，为了节能，本系统并没有设置其他冷源。事实上，模拟结果表明，全年出现室内温度建筑在 26 ℃以上的时刻仅占 5.2%，最高温度为 27.1 ℃。

由图 5-12(b)可知，建筑全年有超过 90%的时间处在适宜的相对湿度区间

(30%~75%)。模拟中再生温度设置为 70 ℃,在夏季雨天潮湿气候下,会出现相对湿度较大的个别时刻,但相对湿度大于 70%的情况仅占 4.5%。除湿空调系统冬季加湿量是通过湿膜加湿器提供的,加湿量与第一级加热器的加热温度直接相关。模拟中考虑到节能的需要,将第一级加热器和第二级加热器的最大加热量设置为9 000 kJ/h,因此,在冬季寒冷干燥气候下,会出现相对湿度较小的个别时刻,但相对湿度小于 30%的情况仅占 2.6%。

### 5.6.4 经济分析

#### 5.6.4.1 经济性分析

对传统蒸汽压缩制冷系统和除湿空调系统进行经济比较。设定传统蒸汽压缩制冷系统和除湿空调系统的制冷量均为 50 kW。根据制造商和文献提供的成本投资,针对不同的再生热源,研究了两种不同热源的除湿空调系统。一种是利用光伏/光热系统驱动除湿空调系统,另一种是利用电加热器驱动除湿空调系统。

设定除湿空调系统的运行时间为 1 200 h,电价为 0.76 元/(kW·h),转轮除湿机的初始成本为 38 167.8 元/($m^3$/s),空气加热器、热管换热器和电加热器的初始成本预计分别为 4 923 元/($m^3$/s)、2 226.5 元/$m^2$ 和 286.3 元/kW,湿膜加湿器的初始成本为 286.3 元/kW。假设储罐、泵和风机的初始成本分别为 853.7 元/$m^3$、10.8 元/W 和 5 413 元/($m^3$/s),光伏/光热集热器的初始成本为 1 494 元/$m^2$,逆变器的初始成本为 1 800 元/kW,蓄电池的初始成本为 1 017.9 元/(kW·h)。传统蒸汽压缩制冷系统的初始成本为 1 087.8 元/kW。

表 5-3 列出了传统蒸汽压缩制冷系统和除湿空调系统初始成本、运行成本、全生命周期成本和回收周期方面的经济性能对比。尽管除湿空调系统的初始成本较高,但其运行成本明显低于传统蒸汽压缩制冷系统,其中利用电加热器驱动除湿空调系统的运行成本降低了 35%,利用光伏/光热系统驱动除湿空调系统的运行成本降低了 81%。利用电加热器驱动除湿空调系统和利用光伏/光热系统驱动除湿空调系统的全生命周期成本分别降低了 13%和 40%,投资回收期分别为 8.8 a 和 6.2 a,这表明利用光伏/光热系统驱动除湿空调系统实现了具有竞争力的经济效益。除湿空调系统的运行成本降低的原因是系统所需的额外能源较少,因为热管换热器不需要额外能源,同时湿膜加湿器消耗的能源也较少。除湿空调系统的主要能耗来自辅助加热器。当使用光伏/光热系统时,除湿空调系统所需的电量和热量均降低,因而更加节能。

**表 5-3　经济性能对比**

| 系统类型 | 初始成本/元 | 运行成本/元 | 全生命周期成本/元 | 回收周期/a |
|---|---|---|---|---|
| 传统蒸汽压缩制冷系统 | 78 912 | 174 944 | 138 657 | — |
| 光伏/光热系统驱动除湿空调系统 | 19 237 | 3 643 | 12 426 | 6.2 |
| 电加热器驱动除湿空调系统 | 386 704 | 233 232 | 337 473 | 8.8 |

5.6.4.2　热经济分析

热经济学通过将热力学定律和经济性分析结合，以经济标准衡量除湿空调系统生产力的效率。通过对热经济系数的分析可全面地对除湿空调系统中各设备的性能进行评价。烟成本平衡方程如表 5-4 所示。

**表 5-4　烟成本平衡方程**

| 部件 | 烟成本平衡方程 | 辅助方程 |
|---|---|---|
| 处理风机 | $Z_F + C_F = C_S - C_{C'}$ | $C_S = C_{C'}$ |
| 再生风机 | $Z_R + C_R = C_F - C_G$ | $C_F = C_G$ |
| 转轮除湿机 | $Z_{DW} + C_{DW} + (C_E - C_F) = C_B - C_A$ | $C_A = 0$ |
| 热管换热器 | $Z_{HP} + (C_D - C_{R'}) = C_C - C_B$ | $C_{R'} = 0$ |
| 湿膜加湿器 | $Z_{WMH} + C_{WMH} + C_C = C_{C'}$ | — |
| 辅助加热器 | $Z_{AH} + C_{AH} + C_D = C_E$ | — |

除湿空调系统各部件热经济系数和烟效率如表 5-5 所示。当 $f$ 值较小且烟效率值也较小时，可以考虑用更高效、更昂贵的部件替换该部件。相反，当 $f$ 值较大且烟效率值也较大时，可以使用效率低且价格低的部件。热管换热器相对较大的 $f$ 值和烟效率值，表明热管换热器的投资成本应该降低。转轮除湿机的 $f$ 值较大，烟效率值较小，表明转轮除湿机的投资成本应降低，效率应提高。

**表 5-5　除湿空调系统各部件热经济系数和烟效率**

| 部件 | $f$ | 烟效率/% |
|---|---|---|
| 转轮除湿机 | 86.6 | 22.6 |
| 热管换热器 | 78.0 | 87.2 |

表 5-5(续)

| 部件 | $f$ | 㶲效率/% |
|---|---|---|
| 湿膜加湿器 | 32.6 | 88.0 |
| 辅助加热器 | 39.9 | 77.2 |
| 处理风机 | 53.7 | 80.2 |
| 再生风机 | 34.6 | 73.4 |

# 第 6 章　热泵驱动除湿空调系统

## 6.1　系统原理

太阳能供热会受到气候和区域的影响，影响再生热源的稳定性。热泵只需要消耗少量高品质能源，通过热力循环就可以回收低品位热能和降低能源消耗，具有很大的应用前景和节能潜力。

热泵驱动除湿空调系统主要包括热泵子系统、空气处理子系统和热湿回收子系统。热泵子系统用于加热再生空气以及产生冷量，系统主要包括压缩机、节流阀、冷凝器、辅助冷凝器、取水蒸发器、前蒸发器和后蒸发器。转轮除湿机再生侧空气流量一般小于处理侧空气流量，所以空气在蒸发器处释放的热量大于冷凝器处吸收的热量，这对热泵子系统的运行是不利的。串联辅助冷凝器可以增加冷凝热释放，确保热泵系统稳定运行。在 3 个蒸发器工质进口处设置电子膨胀阀，可以通过调节工质流量实现各自制冷量调节。空气处理子系统将处理空气处理为低温低湿的空气送入空调房间，系统主要包括转轮除湿机、前蒸发器、后蒸发器和风机。热湿回收子系统用于回收转轮再生排风的显热和潜热，加热再生空气和回收潜热，系统主要包括热管换热器、取水蒸发器和储水箱。热泵驱动除湿空调系统原理图如图 6-1 所示，热泵驱动除湿空调系统焓湿图如图 6-2 所示。

热泵驱动除湿空调系统空气处理过程如下：室外空气 A 先经再生风机吸入至热管换热器冷凝段进行等湿加热到状态点 B，再经过冷凝器进一步加热到状态点 C。如果空气 C 的温度未达到设定温度可开启辅助加热器加热到状态点 D，再进入转轮除湿机再生侧进行解吸脱附得到高温高湿空气 E。空气 E 经过热管换热器蒸发段进行等湿冷却(热回收)，再经过取水蒸发器进行冷凝除湿(湿回收)，冷凝水收集在储水箱内以供使用。经过热湿回收后的低温低湿的排风空气 G 与室内空气 H 混合后得到空气 I。空气 I 先经过前蒸发器预冷后得到空气

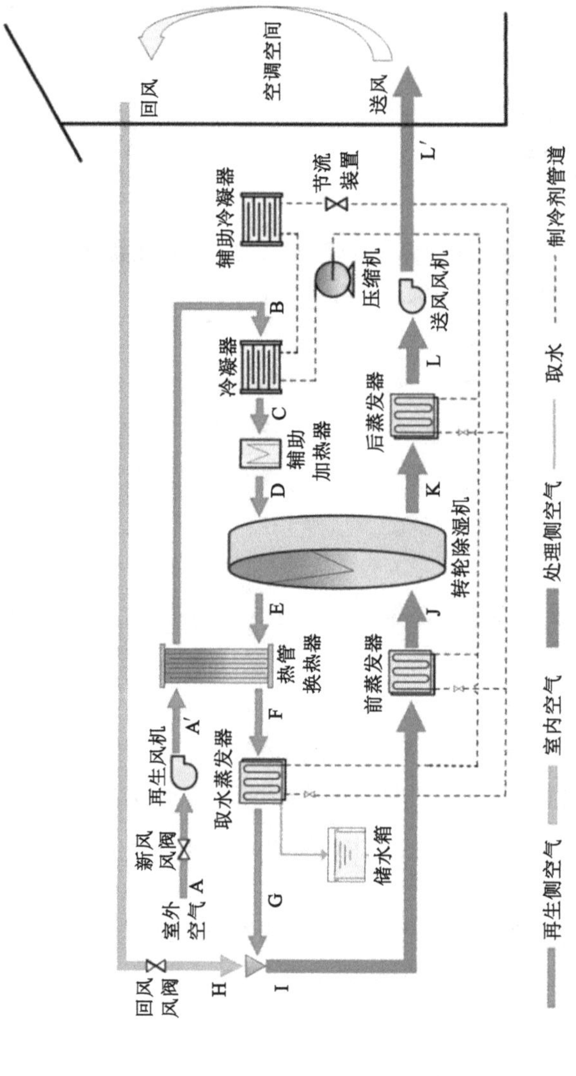


图 6-1　热泵驱动除湿空调系统原理图

J，空气 J 进入转轮除湿机处理侧进行升温除湿得到空气 K，最后经过后蒸发器等湿冷却到送风状态点 L 后送入空调房间。

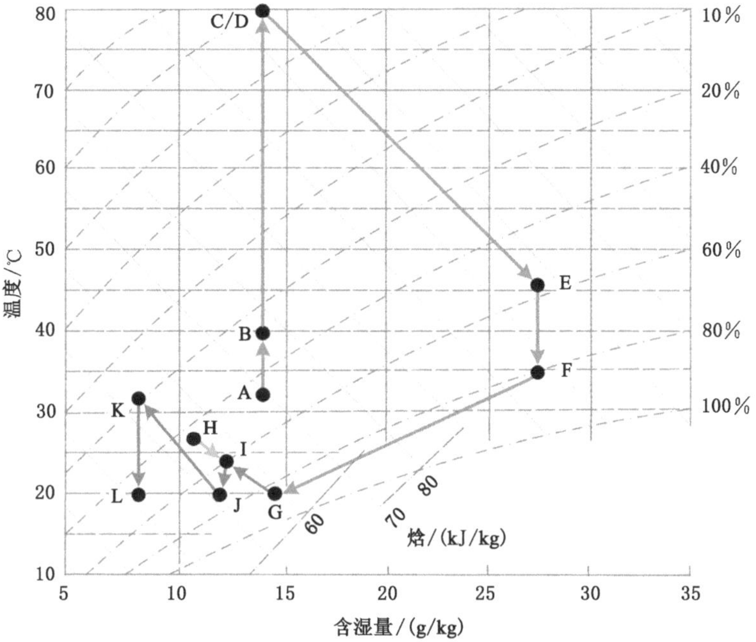


图 6-2　热泵驱动除湿空调系统焓湿图

## 6.2　热泵工质的确定

热泵驱动除湿空调系统运行的关键在于热泵子系统是否能够产生足够的热量加热再生空气使其达到合适的再生温度。有关研究表明，再生温度达到 75 ℃以上，转轮除湿机脱附效果较好。热泵出风温度达到 75 ℃以上属于中高温热泵范围，所以需选择具有相应工作温度的热泵工质。目前有关研究表明，高温热泵工质中的非共沸混合工质有着良好的热力性能，但是混合工质泄漏导致混合物组分变化，相变过程的温度滑移导致传热效率下降、能量损失等问题使得非共沸混合工质在实际应用中表现得并不理想。而纯工质性能稳定、应用广泛、可靠性更强，所以本研究选择纯工质作为热泵子系统循环工质。

### 6.2.1 热泵工质筛选

热泵工质的选择应重点考虑工质的热力学性质，兼顾环保性、安全性、兼容性和经济性等性质。作为高温热泵的工质，在其工作范围内应有合适的压力和压缩比，即冷凝压力应在系统的承压能力 3.0 MPa 以下，蒸发压力应在 0.1 MPa 以上，以免系统运行时出现负压。一般要求压缩比应小于 8，若压缩比太大，会引起压缩机功耗增加、性能系数下降、经济性降低。

从冷凝温度 60～100 ℃的 0 ODP、低 GWP(全球变暖潜能)的环保工质中，根据工质的临界温度、临界压力、标准沸点等参数综合考虑选择环保制冷剂。经过初步物性筛选，表 6-1 列出了备选热泵工质参数。由表 6-1 可知，R142b 的 ODP 不为 0，对大气臭氧层有破坏作用，将在 2030 年被淘汰；R227ea 和 RC318 的 GWP 较高，《基加利修正案》签订后已不能长期使用。因此，R134a、R152a、R600a 和 R1234ze 4 种工质满足基本条件。

**表 6-1 备选热泵工质参数**

| 参数 | 标准沸点/℃ | 临界温度/℃ | 临界压力/MPa | 分子量 | ODP | GWP100 | 安全性 |
|---|---|---|---|---|---|---|---|
| R134a | −26.2 | 101.1 | 4.06 | 102.0 | 0 | 1 300 | A1 |
| R152a | −24.0 | 113.3 | 4.52 | 66.1 | 0 | 138 | A2 |
| R227ea | −16.3 | 101.8 | 2.93 | 170.1 | 0 | 3 350 | A1 |
| R142b | −9.78 | 137.1 | 4.12 | 100.5 | 0.043 | 1 980 | A2 |
| RC318 | −5.8 | 115.3 | 2.78 | 200.0 | 0 | 9 540 | A1 |
| R600a | −11.8 | 135.0 | 3.65 | 58.1 | 0 | 20 | A3 |
| R1234ze | −18.9 | 109.3 | 3.64 | 114.1 | 0 | <1 | A1 |

注：制冷剂的安全性主要指制冷剂的毒性、燃烧性和爆炸性，制冷剂安全等级用 A、B、C 加 1、2、3 表示，A1 最安全，C3 最危险。

图 6-3 为不同工质冷凝压力随冷凝温度的变化。由图 6-3 可知，工质冷凝压力随冷凝温度的升高而增大，R134a 和 R152a 冷凝压力最大，分别在冷凝温度 87 ℃和 93 ℃时冷凝压力达到 3.0 MPa。R600a、R142b 和 RC318 冷凝压力最小，R1234ze 和 R227ea 冷凝压力居中，在冷凝温度 100 ℃时，各工质冷凝压力均低于 3.0 MPa。所以，R600a、R142b、RC318、R1234ze、R227ea 相对于 R134a 和 R152a 在系统设备承压范围之内可以达到更高的冷凝温度。

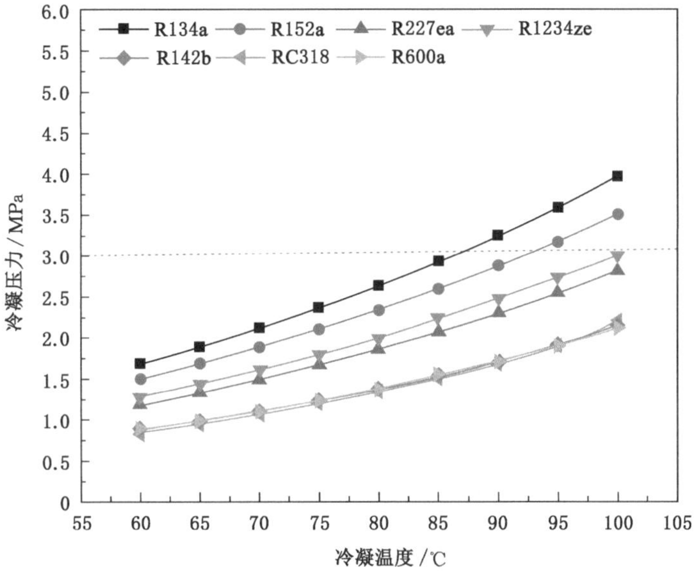


图 6-3　不同工质冷凝压力随冷凝温度的变化

### 6.2.2　热泵理论循环

采用 REFPROP 软件对不同工质进行计算和比较。计算工况为冷凝温度为 60～100 ℃，蒸发温度为 16 ℃，过冷度和过热度均为 5 ℃，等熵效率为 0.75，系统能量损失和环境传热忽略不计。热泵理论循环压焓图如图 6-4 所示，理论循环共包括 4 个过程：1→2 为绝热压缩过程，2→3 为工质在冷凝器中的等压放热过程，3→4 为绝热节流过程，4→1 为工质在蒸发器内等压蒸发吸热过程。

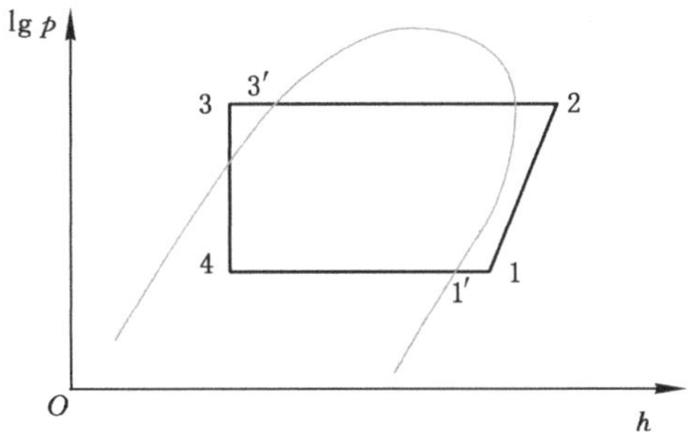


图 6-4　热泵理论循环压焓图

单位质量工质蒸发过程吸收的热量为：

$$Q_C = h_1 - h_4 \tag{6-1}$$

式中　$Q_C$——单位质量制冷量，kJ/kg；

$h_1, h_4$——工质在状态点 1 和状态点 4 的焓值，kJ/kg。

单位质量工质冷凝过程放出的热量为：

$$Q_t = h_2 - h_3 \tag{6-2}$$

式中　$Q_t$——单位质量制热量，kJ/kg；

$h_2, h_3$——工质在状态点 2 和状态点 3 的焓值，kJ/kg。

工质单位容积制热量是在相同制热量下压缩机整体尺寸的决定因素之一，采用较小单位容积制热量的工质时需要较大的压缩机体积来满足制热量的需求，单位容积制热量为：

$$Q_V = \frac{Q_t}{V_1} = (h_2 - h_3)\rho_1 \tag{6-3}$$

式中　$Q_V$——单位容积制热量，kJ/m³；

$V_1$——工质在状态点 1 的比容，m³/kg；

$\rho_1$——工质在状态点 1 的密度，kg/m³。

压缩机压缩过程的功耗 $W$ 为：

$$W = h_2 - h_1 \tag{6-4}$$

热泵制热性能系数 COP 为热泵的单位质量制热量与压缩机功耗的比值，是评价热泵经济性的重要指标：

$$\mathrm{COP} = \frac{Q_t}{W} \tag{6-5}$$

对 R134a、R152a、R600a 和 R1234ze 4 种工质进行理论循环计算，考察其热力性能。图 6-5 显示了不同工质单位质量制冷量随冷凝温度的变化，4 种工质单位质量制冷量随冷凝温度的升高均减小，单位质量制冷量大小顺序为：R600a＞R152a＞R134a＞R1234ze。R600a 单位质量制冷量减小速率最大，R1234ze 减小速率最小，制冷表现最稳定。

图 6-6 显示了不同工质单位质量制热量随冷凝温度的变化，4 种工质单位质量制热量随冷凝温度的升高均减小，单位质量制热量大小顺序为：R600a＞R152a＞R134a＞R1234ze。R600a 单位质量制热量减小速率最大，R1234ze 减小速率最小，制热能力最稳定。

图 6-7 显示了不同工质单位容积制热量随冷凝温度的变化，4 种工质单位

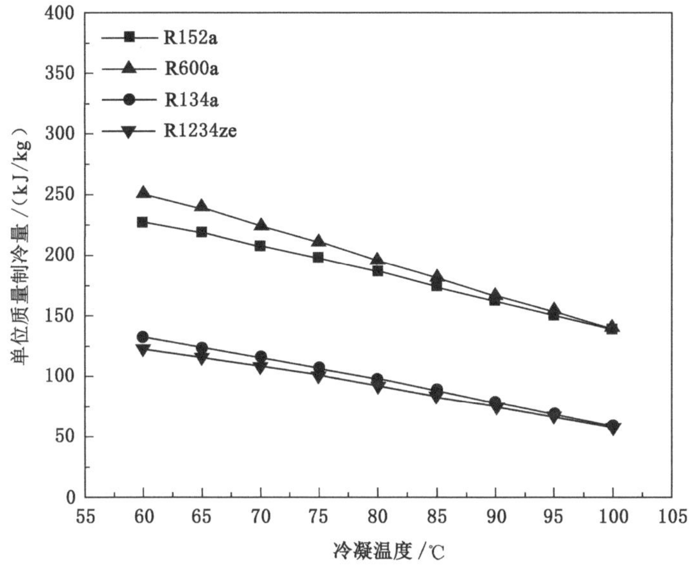


图 6-5　不同工质单位质量制冷量随冷凝温度的变化

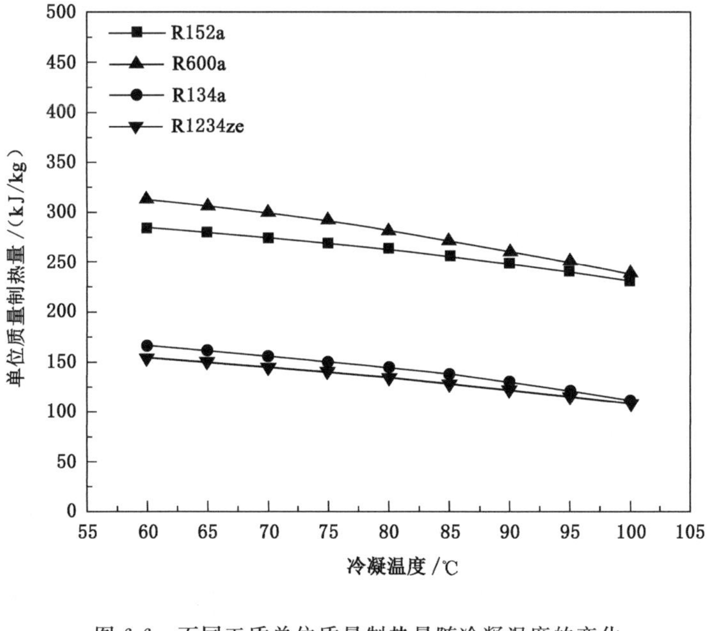


图 6-6　不同工质单位质量制热量随冷凝温度的变化

容积制热量随冷凝温度的升高均减小，R600a 单位容积制热量最小。其中R134a 单位容积制热量减小速率最大，R1234ze 和 R152a 制热表现较为稳定。

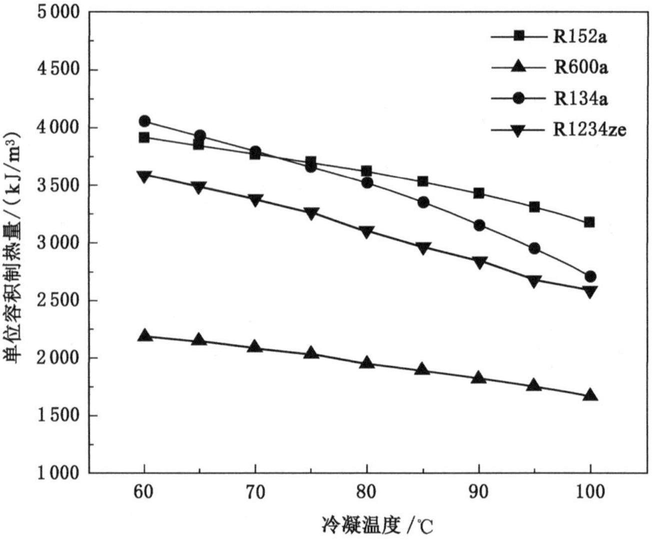


图 6-7　不同工质单位容积制热量随冷凝温度的变化

图 6-8 显示了不同工质排气温度随冷凝温度的变化，4 种工质的排气温度随冷凝温度的升高均升高，过高的排气温度会造成压缩机过热，不利于长期运行。排气温度大小顺序为：R152a＞R134a＞R1234ze＞R600a。R152a 排气温度升高速率最大，R600a 升高速率最小。

图 6-9 显示了不同工质压缩机功耗随冷凝温度的变化，4 种工质的压缩机功耗随冷凝温度的升高均增大，压缩机功耗大小顺序为：R600a＞R152a＞R134a＞R1234ze。R600a 压缩机功耗增加速率最大，R1234ze 增加速率最小。

图 6-10 显示了不同工质 COP 随冷凝温度的变化，4 种工质压缩机功耗随冷凝温度的升高均降低，COP 大小顺序为：R152a＞R600a＞R1234ze＞R134a。经计算可知，R134a 的 COP 平均降低速率最大，R1234ze 的 COP 平均降低速率最小，热力性能较稳定。

综上分析，R600a 的单位质量制冷量和制热量最大，但是单位容积制热量过小，压缩机功耗更大，功耗性能较差，且有毒可燃，安全等级较低，保护措施严格，应用受限。R152a 的制冷性能、制热性能和热力性能较好，但是 R152a 的排气温度过高，不利于机组长时间运行。R134a 的 COP 低，热力循环性能较差，并且

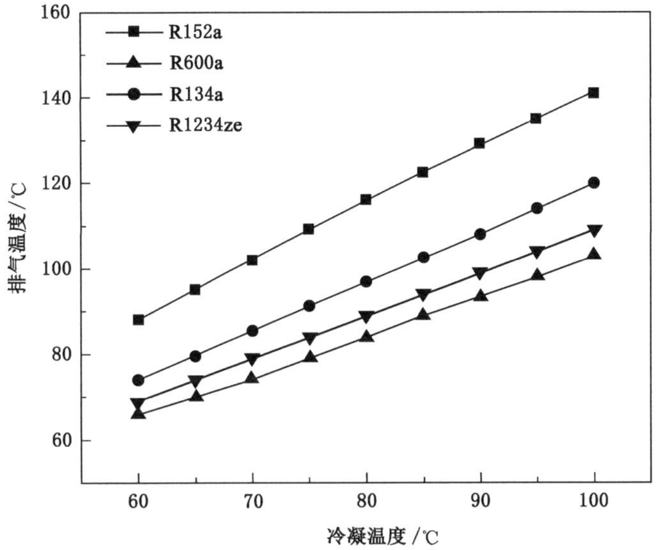


图 6-8　不同工质排气温度随冷凝温度的变化

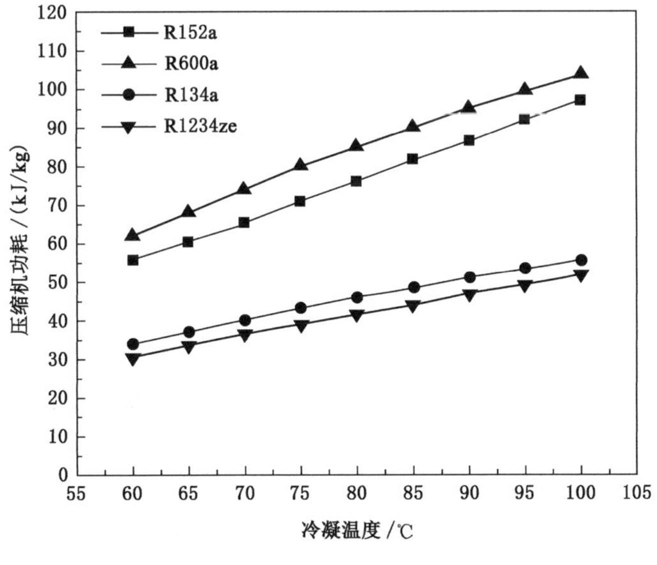


图 6-9　不同工质压缩机功耗随冷凝温度的变化

只适合冷凝温度低于 85 ℃。R1234ze 在冷凝温度 60～100 ℃范围内有着良好且稳定的热力循环性能，并且 GWP 小于 1，属于可以长期使用的环保工质。综

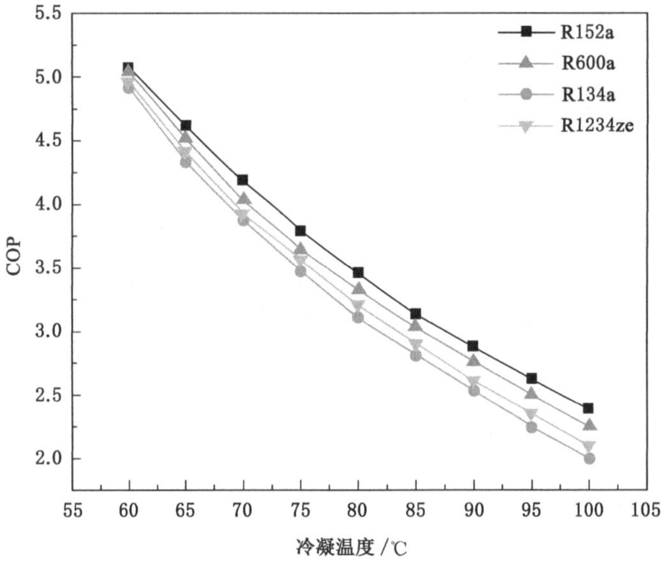


图 6-10　不同工质 COP 随冷凝温度的变化

合考虑选择 R1234ze 作为热泵系统的工质。

## 6.3　仿真模型

AME Sim 软件是由西门子公司推出的一款可用于工程系统建模仿真和动态性能分析的软件，提供了可用于动态仿真的空调模块库以及可视化的仿真开发平台，可以用作多学科的仿真系统模型建立。在模型计算求解中，AME Sim 软件充分考虑了制冷剂的物性参数、两相流动、管路压降等问题，对空调两相流的仿真具有较高的精度。AME Sim 软件内置多领域的模型元件库，可以调用空气调节库、两相流库与热库来建立详细完整的热泵系统模型，整个制热系统模型应该包括换热介质（制冷剂、空气）物性模型、换热器（冷凝器、蒸发器）模型、毛细管模型、压缩机模型、连接管路模型以及相关传感器等辅助模型。

利用 AME Sim 模拟软件建立了热泵系统仿真模型图，如图 6-11 所示。设置四通换向阀可以实现制冷和制热的功能切换。气液分离器是为了防止蒸发器出口处的工质未完全蒸发导致少量液体进入压缩机，从而出现“液击”现象损坏压缩机。热泵系统仿真模型部件参数见表 6-2，模拟参数见表 6-3。

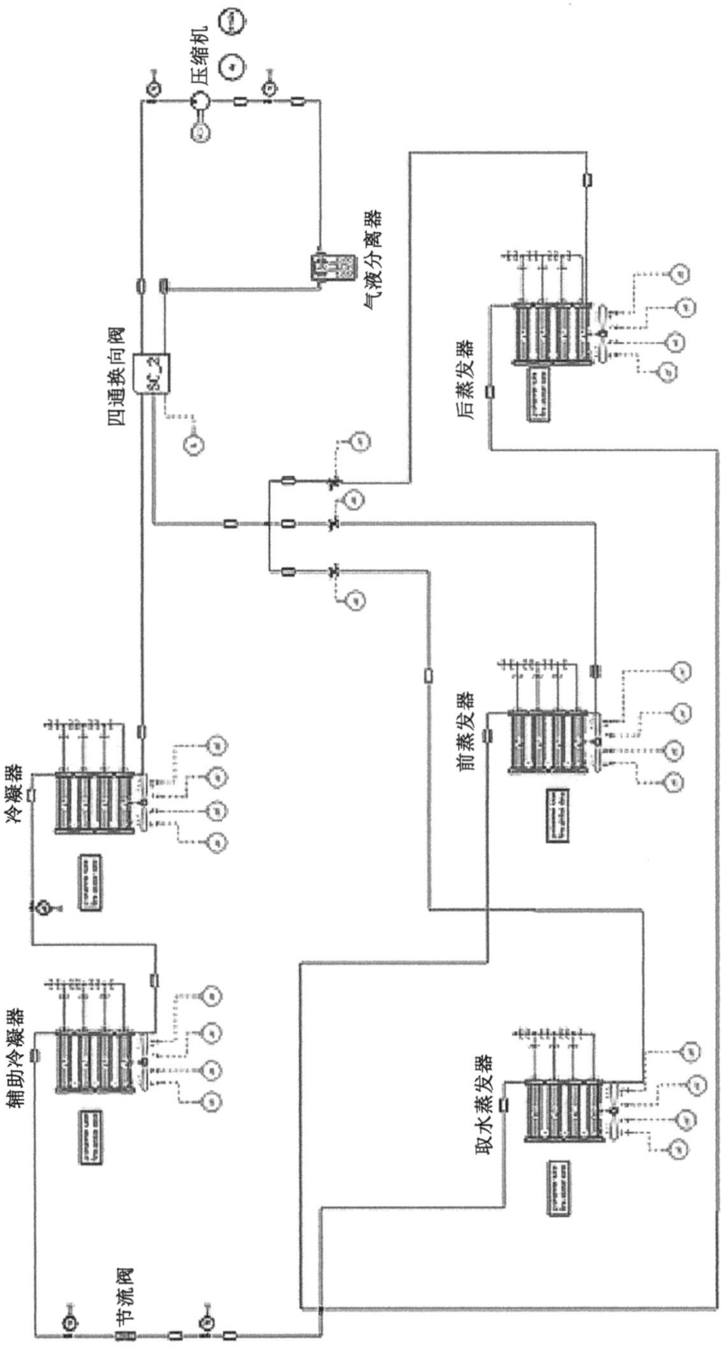


图 6-11　热泵系统仿真模型图

**表 6-2　热泵系统仿真模型部件参数**

| 部件 | 参数 | 数值 |
|---|---|---|
| 压缩机 | 类型 | 压缩式 |
| | 转速/(r/min) | 2 000 |
| | 排量/($cm^3$/s) | 140 |
| | 容积系数 | 0.6 |
| | 等熵效率 | 0.75 |
| | 机械效率 | 0.90 |
| 节流阀 | 节流面积/$cm^2$ | 1.2 |
| | 宽度/mm | 20 |
| 蒸发器 | 类型 | 平行流微通道换热器 |
| | 尺寸/(mm×mm×mm) | 400×336×16 |
| | 管道流程 | 10—8—6—4 |
| 冷凝器 | 类型 | 平行流微通道换热器 |
| | 尺寸/(mm×mm×mm) | 500×506×16 |
| | 管道流程 | 16—14—12—10 |

**表 6-3　热泵系统仿真模型模拟参数**

| 参数 | 进口空气温度/℃ | 进口空气湿度/(g/kg) | 进口空气流量/(kg/s) | 工质阀门开度/% |
|---|---|---|---|---|
| 冷凝器 | 38.0 | 14.0 | 0.30 | — |
| 辅助冷凝器 | 38.0 | 14.0 | 0.09 | — |
| 取水蒸发器 | 36.0 | 26.0 | 0.09 | 40 |
| 前蒸发器 | 25.0 | 13.0 | 0.27 | 10 |
| 后蒸发器 | 30.0 | 8.0 | 0.27 | 50 |

## 6.4　实验验证

实验工质为 R142b，实验和模拟工况参数见表 6-4。模拟结果和实验结果对比如图 6-12 所示，冷凝器出口空气温度最大相对误差为 5.3%，蒸发器出口空气温度最大相对误差为 9.1%。模拟结果和实验结果之间存在偏差的主要原因是模拟条件进行了简化。

表 6-4　实验和模拟工况参数

| 工况 | 冷凝器进口空气温度 /℃ | 冷凝器进口空气流量 /($m^3$/h) | 蒸发器进口空气温度 /℃ | 蒸发器进口空气流量 /($m^3$/h) |
|---|---|---|---|---|
| A | 30.84 | 104 | 38.34 | 124 |
| B | 35.74 | 104 | 39.04 | 124 |
| C | 39.96 | 104 | 39.95 | 124 |

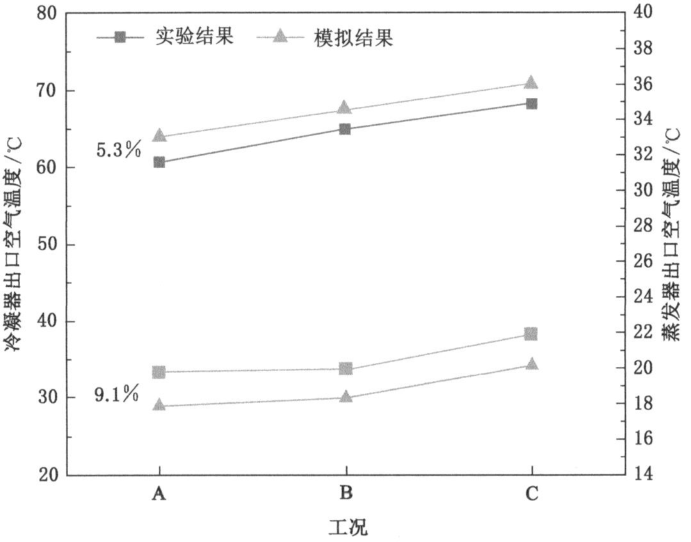


图 6-12　模拟结果和实验结果对比

# 6.5　在深部地下空间中的应用

热泵驱动除湿空调系统能同时满足除湿、冷却和再生需求，再生排风热湿回收可以实现不依赖外界环境的闭式系统，适用于如深部矿井、深部仓储、深地实验室等深部地下空间。热泵驱动除湿空调系统应用于深部地下空间运行的关键在于热泵能否提供足够的冷凝热量用于转轮再生，达到再生温度的同时还需要为系统提供所需冷量，满足系统送风温度要求，即冷凝器和后蒸发器的出口空气温度对于系统正常运行十分重要。冷凝器进口空气温度对应环境空气温度，冷凝器进口空气流量对应转轮再生空气流量，前蒸发器和后蒸发器的入口空气流量对应转轮处理空气流量。所以本章主要分析不同冷凝器进口空气流量(转轮再生空气流量)、冷凝器进口空气温度(环境空气温度)、蒸发器进口空气流量(转轮处理空气流量)以及后蒸发器进口空气温度对热泵驱动除湿空调系统运行性能的影响。

### 6.5.1 冷凝器进口空气流量

图 6-13 显示了冷凝器进口空气流量对热泵性能的影响。如图 6-13(a)所示,当冷凝器进口空气流量从 0.03 kg/s 增加到 0.18 kg/s 时,压缩机排气温度、冷凝器出口空气温度、蒸发温度和压缩比均降低,压缩机排气温度由 106.6 ℃下降到 100.1 ℃,且逐渐稳定。冷凝器出口空气温度由 98.2 ℃下降到 67.1 ℃,而蒸发温度从 20.2 ℃下降到 14.1 ℃,压缩比从 9.7 减小到 6.0。由于冷凝器进口空气焓值不变,而进口空气流量不断增大,所以出口空气温度降低,冷凝温度也随之降低,这就导致蒸发温度和压缩机排气温度降低,压缩比也随之减小。

如图 6-13(b)所示,当冷凝器进口空气流量从 0.03 kg/s 增加到 0.18 kg/s 时,热泵制热量和制冷量先增大后减小。当冷凝器进口空气流量为 0.09 kg/s 时,制热量最大(8.29 kW),制冷量最大(5.97 kW)。当冷凝器进口空气流量从 0.03 kg/s 增加到 0.18 kg/s 时,压缩机功耗逐渐减小,由 2.6 kW 减小到 1.9 kW,而 COP 逐渐升高,由 3.1 升到 3.9。制热量和制冷量先增大后减小主要是因为空气流量的增大直接导致流经冷凝器的风速增大,使得冷凝器空气侧传热系数相对增大更多,所以制热量增大,制冷量也随之增大。继续增大空气流量,冷凝器空气侧传热系数也继续增大,但是冷凝器出口空气温度继续降低,工质和空气的传热温差减小更多,所以制热量会逐渐减小,制冷量亦逐渐减小。随着冷凝器进口空气流量不断增大,冷凝器出口空气温度不断降低,较低的冷凝器出风温度意味着较低的冷凝温度,压缩机排气压力和温度也会相应降低,压缩机功耗不断减小。虽然制热量先增大后减小,但压缩机功耗减小得更多,所以 COP 增大。

综上可知,减小冷凝器进口空气流量可以获得更高温度的出口空气用于转轮除湿的再生,这有利于除湿,但是需要热泵付出更多的机械功,也会降低热泵的 COP,空气流量过小还会导致压缩机压缩比增大,使压缩机因排气温度和压力过大而停机。所以利用热泵驱动除湿空调系统,在满足湿度要求的前提下,应当尽量降低再生温度(冷凝器出口空气温度)。

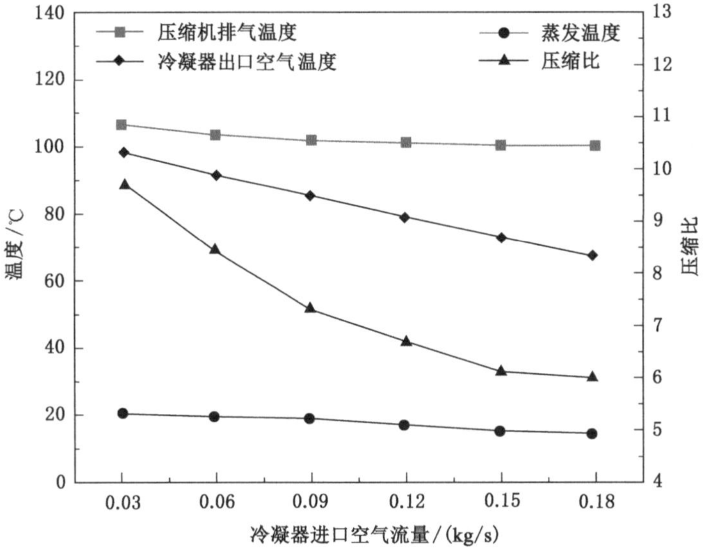


(a) 排气温度、冷凝器出口空气温度、蒸发温度和压缩比

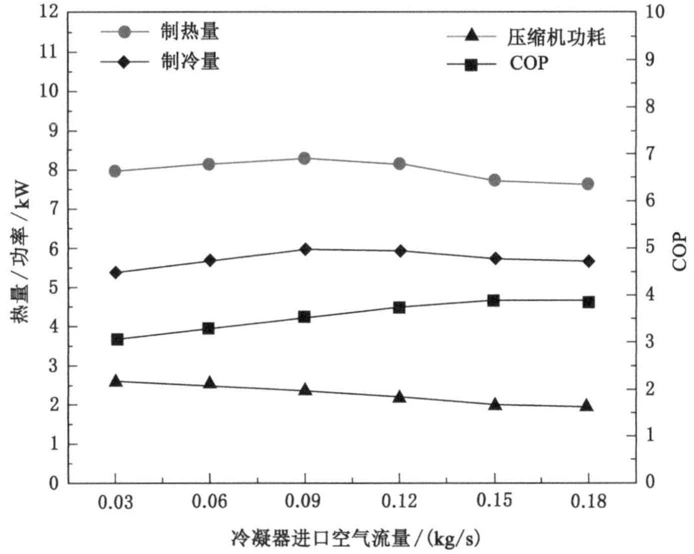


(b) 制热量、制冷量、压缩机功耗和COP

图 6-13　冷凝器进口空气流量对热泵性能的影响

### 6.5.2 冷凝器进口空气温度

图 6-14 显示了冷凝器进口空气温度对热泵性能的影响。如图 6-14(a)所示，当冷凝器进口空气温度从 32 ℃升到 42 ℃时，压缩机排气温度、冷凝器出口空气温度、蒸发温度和压缩比均升高，压缩机排气温度由 95.5 ℃升到 104.3 ℃，冷凝器出口空气温度由 80.3 ℃升到 88.1 ℃，压缩比从 6.8 增到 7.7，而蒸发温度从 18.1 ℃略微升到 18.9 ℃。这主要是因为随着冷凝器进口空气温度的升高，出口空气温度随之升高。冷凝器进口空气参数不变，所以冷凝温度升高导致压缩机工作温差逐渐加大，所以压缩机排气温度也升高，压缩比增大。

如图 6-14(b)所示，当冷凝器进口空气温度从 32 ℃升到 42 ℃时，热泵制热量、制冷量和 COP 均减小，而压缩机功耗增大。热泵制热量由 8.5 kW 减小到 8.2 kW，制冷量由 6.2 kW 减小到 5.8 kW，COP 由 3.8 减小到 3.4，压缩机功耗由 2.2 kW 增大到 2.4 kW。随着冷凝器进口空气温度的升高，工质与空气的传热温差减小，制热量减小。蒸发温度升高，导致制冷量减小，压缩机排气温度也升高，压缩比增大，压缩机功率增大，COP 也随之减小。

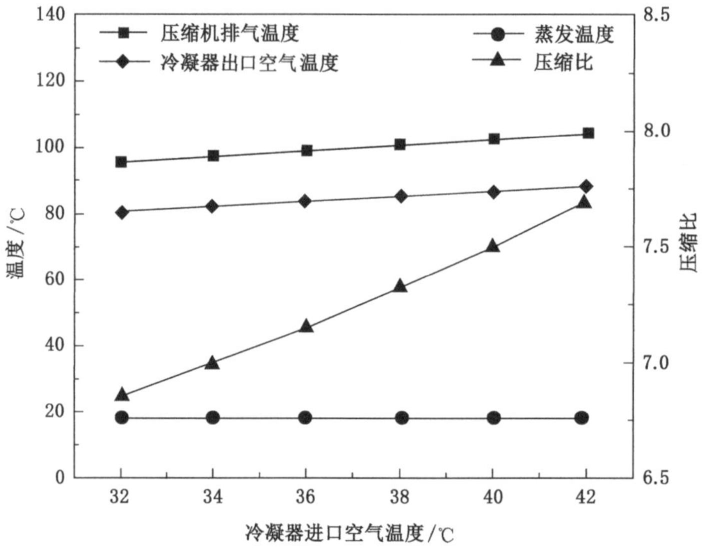


(a) 排气温度、冷凝器出口空气温度、蒸发温度和压缩比

图 6-14 冷凝器进口空气温度对热泵性能的影响

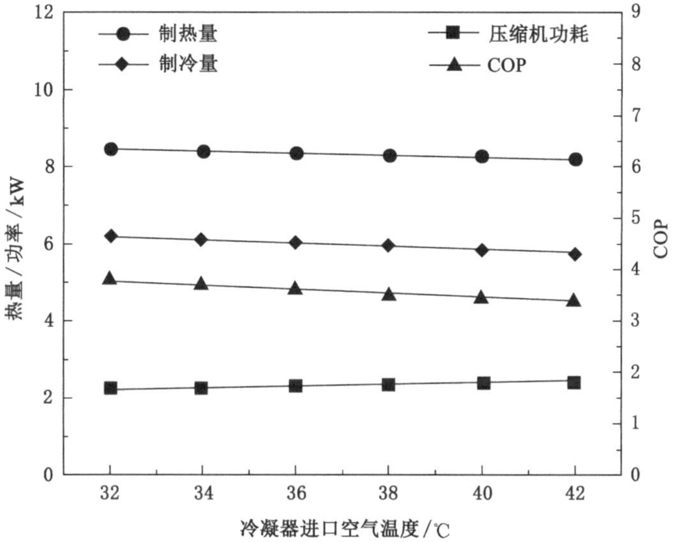


(b) 制热量、制冷量、压缩机功耗和 COP

图 6-14 （续）

综上可以看出，采用 R1234ze 工质的热泵在不同温度的冷凝器进口空气能够表现出较好的循环性能，冷凝器出口空气温度可以达到 80.3～88.1 ℃，可以满足除湿空调系统对再生温度的要求。

### 6.5.3　蒸发器进口空气流量

前蒸发器、后蒸发器进口空气流量即转轮除湿机处理侧空气流量。图 6-15 显示了蒸发器进口空气流量对热泵性能的影响。如图 6-15(a)所示，当蒸发器进口空气流量从 0.21 kg/s 增加到 0.33 kg/s 时，压缩机排气温度、冷凝器出口空气温度和蒸发器出口空气温度均明显升高，压缩机排气温度由 93.8 ℃升高到 104.2 ℃，冷凝器出口空气温度由 82.7 ℃升高到 86.4 ℃，前蒸发器出口空气温度从 21.4 ℃升高到 22.3 ℃，后蒸发器出口空气温度从 17.4 ℃升高到 20.6 ℃，而压缩比从 7.6 降到 7.0。随着蒸发器进口空气流量的增大，蒸发器出口空气温度会升高，蒸发温度也随之升高，热泵可提取的热量增多，压缩机排气温度也升高，导致冷凝器出口空气温度也升高。

如图 6-15(b)所示，当蒸发器进口空气流量从 0.21 kg/s 增加到 0.33 kg/s 时，热泵制热量、制冷量、压缩机功耗增大，COP 较为稳定。热泵制热量由

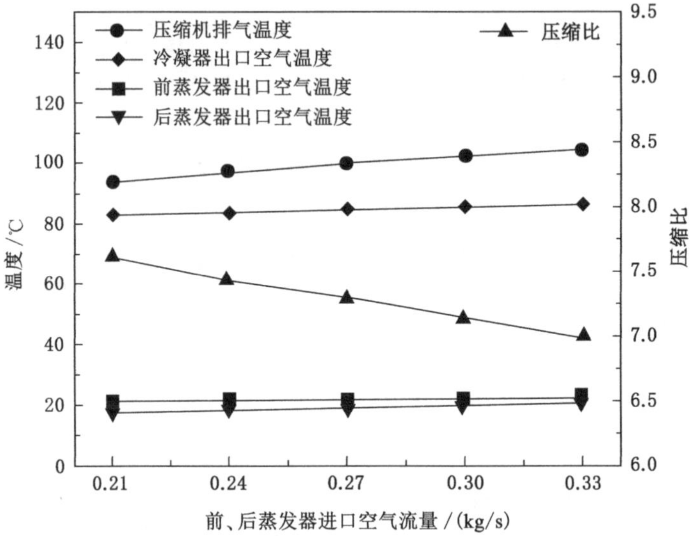


(a) 排气温度、冷凝器出口空气温度、蒸发温度和压缩比

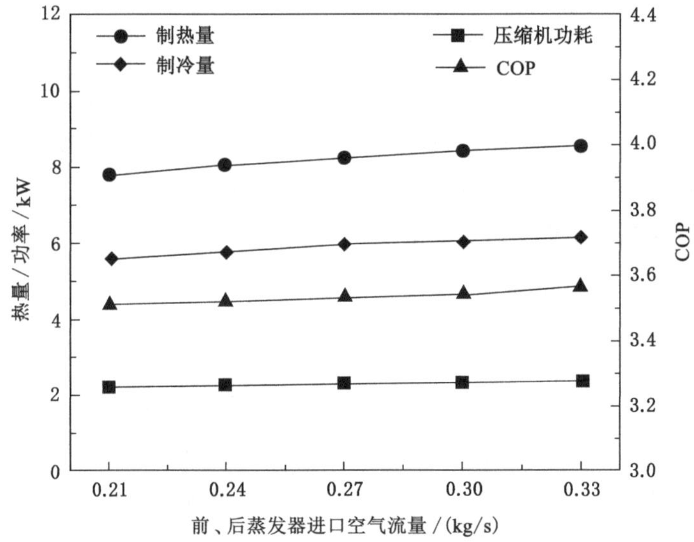


(b) 制热量、制冷量、压缩机功耗和COP

图 6-15　蒸发器进口空气流量对热泵性能的影响

7.6 kW增大到 8.6 kW，制冷量由 5.9 kW 增大到 6.1 kW，压缩机功耗由 2.2 kW 增大到 2.4 kW。随着蒸发器进口空气流量的增大，空气侧传热系数增大，换热量增大，制冷量增大，这就要求压缩机需要输入更多功耗，对应排气温度也升高，

所以进入冷凝器的空气温度升高，传热温差增大，导致制热量增大。在蒸发器进口空气流量增大时，即转轮处理侧空气流量增大，热泵制热量和制冷量会增大，能够满足转轮再生温度和送风温度要求，并且热泵性能稳定。但是过大的蒸发器进口空气流量会导致送风温度升高，所以蒸发器进口空气流量应当和冷凝器进口空气流量相匹配。

### 6.5.4 后蒸发器进口空气温度

后蒸发器主要承担转轮除湿机处理侧出口空气的显热负荷，使其满足送风温度要求。图 6-16 显示了后蒸发器进口空气温度对热泵性能的影响。如图 6-16(a)所示，当后蒸发器进口空气温度从 26 ℃升高到 34 ℃时，压缩机排气温度、冷凝器出口空气温度和后蒸发器出口空气温度均明显升高，压缩机排气温度由 90.1 ℃升高到 106.3 ℃，冷凝器出口空气温度由 80.7 ℃升高到 87.1 ℃，后蒸发器出口空气温度从 17.1 ℃升高到 20.9 ℃，满足送风温度要求，而压缩比从 7.6 降到 7.2。随着后蒸发器进口空气温度的升高，后蒸发器出口空气温度也会升高，工质和空气的传热温差增大，热泵可提取的热量增多，压缩机排气温度也升高，冷凝器出口空气温度也升高。

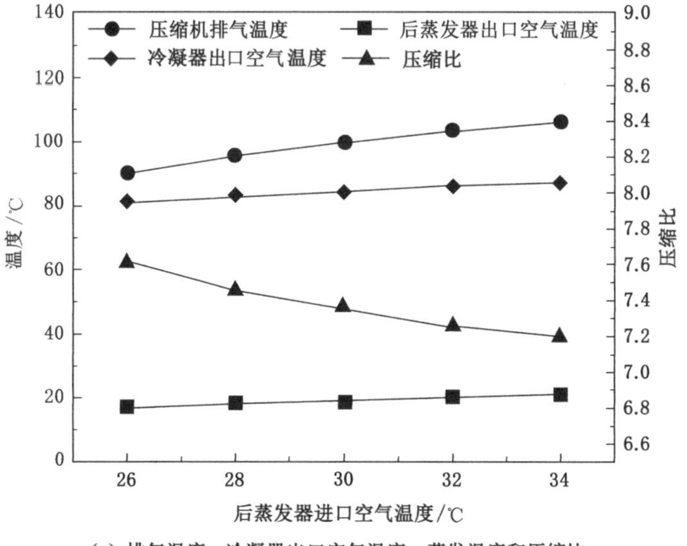


(a) 排气温度、冷凝器出口空气温度、蒸发温度和压缩比

图 6-16　后蒸发器进口空气温度对热泵性能的影响

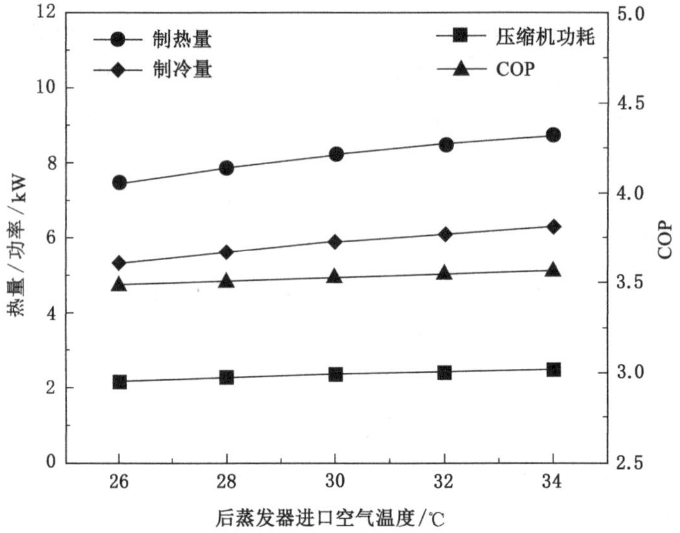


(b) 制热量、制冷量、压缩机功耗和 COP

图 6-16 (续)

如图 6-16(b)所示,当后蒸发器进口空气温度从 26 ℃升高到 34 ℃时,热泵制热量、制冷量、压缩机功耗和 COP 均增大。热泵制热量由 7.5 kW 增大到 8.7 kW,制冷量由 5.3 kW 增大到 6.3 kW,压缩机功耗由 2.1 kW 增大到 2.5 kW,COP 由 3.4 增大到 3.6。随着后蒸发器进口空气温度的升高,工质和空气的传热温差增大,制冷量即增大,要求压缩机输入更多功耗,对应排气温度也升高,所以进入冷凝器的空气温度升高,传热温差增大,导致制热量增多且相对于压缩机功耗增加更多,所以 COP 增大。

# 第 7 章　太阳能与热泵互补驱动除湿空调系统

## 7.1　系统原理

除湿空调系统采用热源驱动，再生温度高，再生能耗需求大，严重束缚了该系统在领域内的推广和应用。由此，太阳能驱动除湿空调系统得到进一步研究，但由于太阳能能流密度低、波动不连续等原因，需要高品位电能辅助，从而导致系统能源消耗较高，系统能效比低。所以，一方面降低吸附热对转轮除湿过程的影响，实现等温除湿过程，是降低除湿空调系统再生温度和不可逆损失的有效途径；另一方面，除湿空调系统的驱动热源由采用单一能源到多能源互补的能源形式转变，是实现弥补不同能源之间的缺陷和提高系统能源利用率的关键举措。

本书提出了太阳能与空气源热泵和太阳能与水源热泵两种互补驱动除湿空调系统，并对其进行了热力学分析，建立了系统的数学模型并给出了系统性能评价指标。为了对除湿空调系统进一步优化研究，确定了系统的优化算法。

太阳能与热泵互补驱动除湿空调系统原理图如图 7-1 所示，系统由一级空气冷却器、一级转轮除湿机、二级空气冷却器、二级转轮除湿机、三级空气冷却器、一级空气-水换热器、二级空气-水换热器、处理风机、再生风机、高温冷源、冷水水泵和再生热源(太阳能和互补能源)组成。

两级转轮除湿机可大幅度降低除湿所需再生温度，从而减少除湿空调系统的再生能耗。系统的驱动热源采用以太阳能为主的能源互补方式，当太阳能不足以提供系统所需的再生热量时，可以通过热泵系统达到系统的再生要求。热泵为互补能源，构成两种太阳能与辅助热源互补除湿的组合形式，分别为太阳能与空气源热泵互补驱动除湿空调系统和太阳能与水源热泵互补驱动除湿空调系统。通过两种热泵互补形成的除湿空调系统，可充分利用不同热泵之间的互补特性，降低系统的再生能耗，提高系统的运行性能。

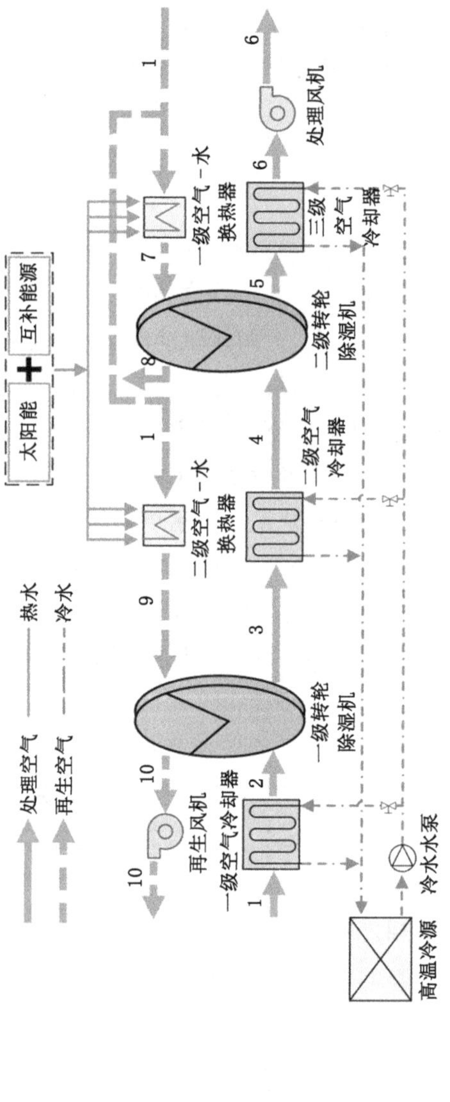


图 7-1　太阳能与热泵互补驱动除湿空调系统原理图

图 7-2 为太阳能与热泵互补驱动除湿空调系统焓湿图。该系统根据空气流向分为处理空气通道和再生空气通道。由焓湿图可知，在处理空气通道，通过两级转轮除湿机和三级空气冷却器的联合作用，得到低温低湿的送风。高温高湿的室外空气状态点 1 先经一级空气冷却器预冷，冷却到状态点 2；状态点 2 的空气进入一级转轮除湿机升温除湿，吸附热的产生使得空气温度升高，空气流出一级转轮除湿机达到状态点 3；状态点 3 的空气进入二级空气冷却器，在二级空气冷却器中与高温冷水换热冷却到状态点 4；状态点 4 的空气进入二级转轮除湿机再次升温除湿到状态点 5；状态点 5 的空气进入三级空气冷却器冷却降温到状态点 6，制备出低温低湿的送风，由处理风机送入空调房间。

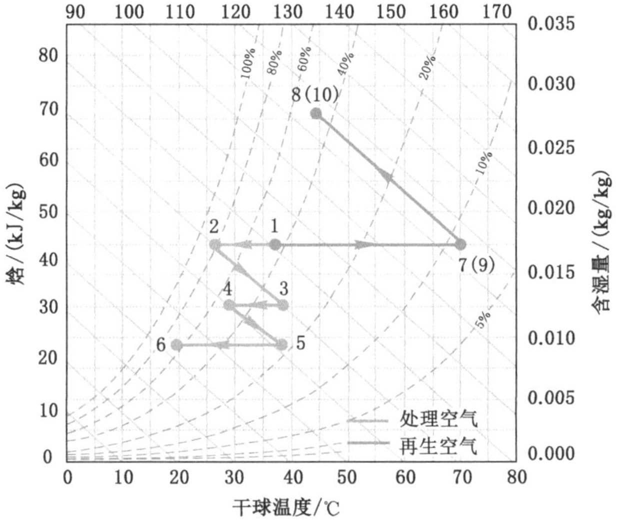


图 7-2　太阳能与热泵互补驱动除湿空调系统焓湿图

在再生空气通道，通过高温再生空气将吸附在转轮除湿机的水分解吸，实现转轮除湿机的再生要求。高温高湿的室外空气状态点 1 分成两股空气。一股空气先经一级空气-水换热器加热到转轮除湿机所需的再生温度，空气-水换热器中的热水可以来自太阳能与热泵的互补。再生空气经过二级转轮除湿机对除湿材料进行解吸再生，状态点 7 的空气携带再生后的水蒸气被加湿成状态点 8，随后被排入室外。另一股空气经过相同的处理过程，依次经过二级空气-水换热器和一级转轮除湿机后经再生风机排入室外。

# 7.2 系统优化

## 7.2.1 优化算法

### 7.2.1.1 粒子群算法

粒子群算法(PSO 算法)是模拟鸟群行为而提出的新型智能算法[84]。由于 PSO 算法优化参数少、便于实现,在诸多领域中得到广泛应用。PSO 算法基于粒子种群的信息共享机制,将每个粒子通过随机的速度和位置初始化在网格上,粒子在迭代过程中通过追踪个体极值和全局极值,来进行所有粒子信息的相互交换,然后再选择较优的粒子进入下一轮迭代,最终收敛于全局最优解。

在粒子群优化过程中,PSO 算法可描述为:在一个 $M$ 维空间中,由 $N$ 个粒子组成的种群,假设其中第 $i$ 个粒子的位置为 $x_i=(x_{i1},x_{i2},\cdots,x_{im})$,速度为 $v_i=(v_{i1},v_{i2},\cdots,v_{im})$,将 $x_i$ 代入适应度函数 $f(x_i)$,从而求得适应值。另外,粒子 $i$ 根据目标函数搜索迭代得到个体极值 $p_{\text{best}}=(p_{i1},p_{i2},\cdots,p_{im})$和全局极值 $g_{\text{best}}=(g_1,g_2,\cdots,g_m)$。

粒子群算法通过不断更新粒子的最优位置,并根据位置引入适应度函数,得到适应度值。然后再将个体极值和全局极值进行比较,进一步更新粒子的速度和位置。判断算法是否满足收敛条件(达到最大迭代次数或满足适应度阈值),若不满足收敛条件,则进一步循环计算,若满足收敛条件,则迭代计算结束,最终得到全局最优值。

### 7.2.1.2 模式搜索法

模式搜索法是一种无须计算目标函数导数的直接寻优算法,能够对多个变量进行同步优化,从而得到最优值。相比于遗传算法、蚁群算法等优化方法,该算法具有收敛速度快、适应性强等优点,尤其适用于优化变量较少的情形。

模式搜索法由轴向搜索和模式搜索两种交替搜索方式组成。在算法计算中,从初始基点开始,轴向搜索依次沿 $n$ 个坐标轴方向进行,以确定新的基点位置和有利于目标函数值减小的方向。而模式搜索的移动却是沿着相邻两个基点的连线方向进行的,从而达到使目标函数值减小得更快的目的。通过循环上述两种搜索方式,最终得到最优解。

### 7.2.1.3 粒子群-模式搜索算法

模式搜索法虽然收敛速度快、适应性强,但该算法对初值的依赖性很强。若初值的精确度不高，则易陷入局部最优。PSO 算法是基于群智能的随机全局优化处理算法，较小的种群规模和低计算成本使得这种算法可操作性强，便于实现。而粒子群-模式搜索算法（PSO-HJ 算法）是通过镶嵌结构将 PSO 算法与模式搜索法相结合的算法。在研究中，通常利用 PSO-HJ 算法对系统进行优化研究。该算法利用 PSO 算法来得到空间全局最优变量取值作为模式搜索法的初始值，接着运行模式搜索法在最优范围内进行探测和搜索，从而得到目标函数最小值。PSO-HJ 算法流程图见图 7-3。

GENOPT 软件是基于 Java 语言的纯理论分析软件，该软件包含较多常用的优化算法。系统优化时，通过 TRNSYS 软件中 Trnopt 模块直接调用 GENOPT 软件，并将其与 TRNSYS 软件结合，从而对系统的优化目标进行优化。

在系统优化过程中，首先进行优化变量参数化和关键参数合理设置，然后运行 TRNSYS 模拟仿真模型，通过 GENOPT 软件读取 TRNSYS 软件所建的系统模型的 DCK 文件，从而不断为优化变量迭代赋值，根据设定的目标函数来判断该变量参数是否为最优，直至得出最佳参数配置。

### 7.2.2　优化目标函数

选择合适的优化目标函数是对整个系统进行优化的关键。对于一个系统而言，在运行过程中系统的能耗与运行效率存在着一定的关系，而系统的高效运行也意味着初投资的投入更多。综合对系统运行效率和经济性的考虑，采用全生命周期成本为目标函数，在费用约束的范围条件下，对系统经济性进行优化分析。系统全生命周期成本主要包括系统初投资、运行费用、废弃处理成本 3 个部分。全生命周期成本主要考虑系统初投资和运行费用两者现值之和，计算公式如下：

$$\mathrm{LCC}=\left[\frac{i(1+i)^m}{(1+i)^m-1}\times C_0+P_E(E_{\mathrm{pump}}+E_{\mathrm{fan}}+E_{\mathrm{ahs}})\right]\times m \tag{7-1}$$

式中　LCC——全生命周期成本，元；

$C_0$——系统初投资，元；

$i$——银行贷款年利率，取 4.9%；

$m$——系统使用年限，取 15 a；

$P_E$——当地平均电价，取 0.76 元/(kW·h)；

$E_{\mathrm{pump}}$——循环水泵能耗，kW；

$E_{\mathrm{fan}}$——风机能耗，kW；

$E_{\mathrm{ahs}}$——辅助热源能耗，kW。

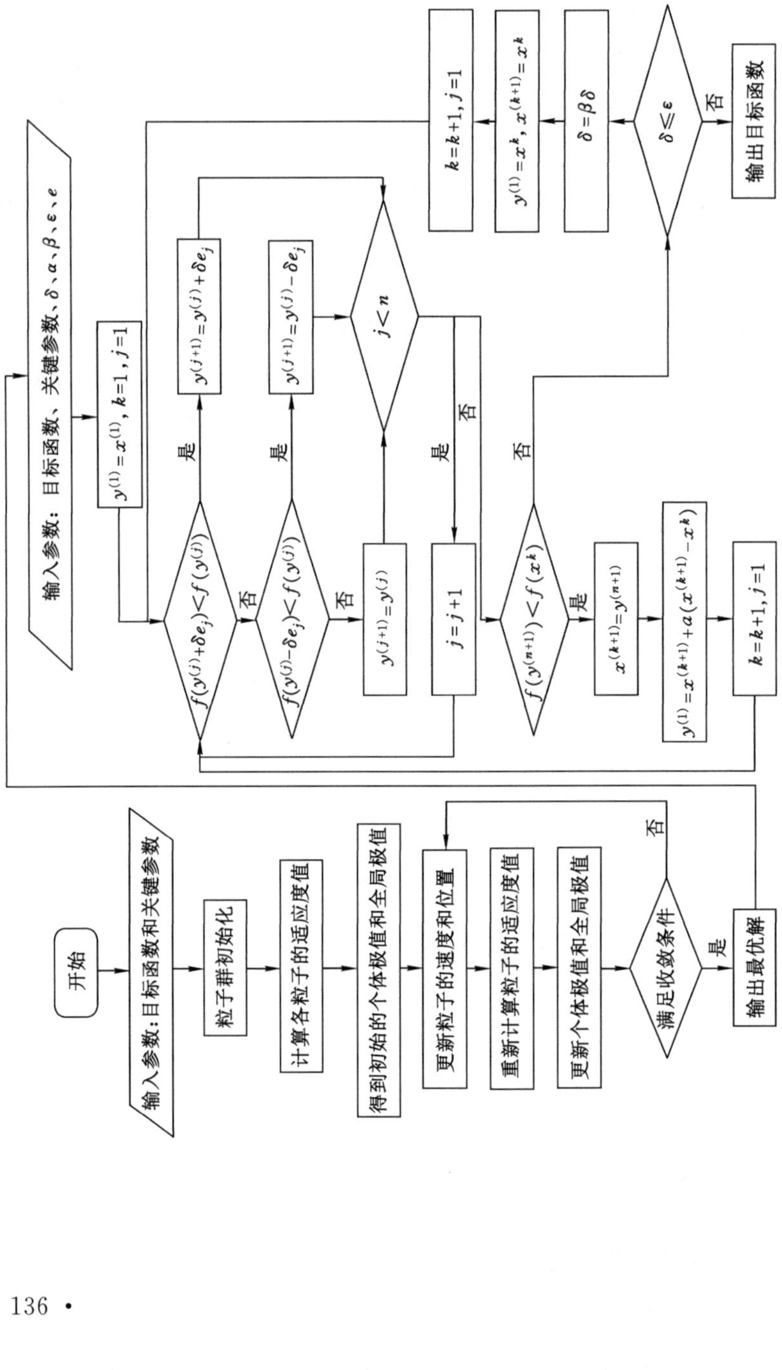


图 7-3 **PSO-HJ 算法流程图**

# 7.3 太阳能与空气源热泵互补驱动除湿空调系统

## 7.3.1 系统原理

太阳能与空气源热泵互补驱动除湿空调系统原理图如图7-4所示。该系统主要由空气处理子系统、互补热源子系统组成。其中空气处理子系统包括一级空气冷却器、一级转轮除湿机、一级热管换热器、二级空气冷却器、二级转轮除湿机、二级热管换热器、三级空气冷却器、蒸发冷却器、一级空气-水换热器、二级空气-水换热器、处理风机和再生风机等设备。空气处理子系统用于将高温高湿空气降温除湿处理,从而制备冷风和冷水。冷风作为送风送入空调房间,冷水作为高温冷源通过冷水泵分别送入一级空气冷却器、二级空气冷却器和三级空气冷却器。互补热源子系统包括太阳能集热器、蓄热水箱、空气源热泵、集热水泵等设备,当太阳能不足以提供系统所需的再生热量时,利用空气源热泵作为系统的辅助热源,通过太阳能和空气源热泵互补提供系统所需的再生热量。

太阳能与空气源热泵互补除湿空调系统具有以下显著特点:

① 在互补热源子系统中,太阳能集热循环和空气源热泵循环采用并联式,为系统提供所需的再生热量。

② 系统冷源直接采用蒸发冷却器制备的冷水,可显著降低系统的冷却能耗。

太阳能与空气源热泵互补驱动除湿空调系统的能耗主要是转轮除湿机的再生能耗,系统的再生热量由太阳能和热泵提供。根据能源利用的优先级关系,系统运行时优先采用清洁环保的太阳能资源,当太阳能资源不足以提供系统所需的再生热量时,采用热泵机组进行辅助加热,主要包括以下3种运行模式:

① 太阳能单独运行模式:当太阳辐射充足,太阳能集热器吸收的热量能够满足系统所需的再生热量时,优先利用太阳能,不开启热泵机组。

② 太阳能与热泵互补运行模式:当太阳能辐射不足时,单独使用太阳能可能无法提供系统所需的再生热量,需要采用太阳能与热泵互补的运行模式。该运行模式下优先通过太阳能集热器对蓄热水箱进行加热,当蓄热水箱出水温度达不到设定温度要求时,开启热泵作为辅助热源,直至达到设定温度后关闭热泵。

③ 热泵单独运行模式:当太阳能辐射量非常小时,开启热泵单独运行模式,

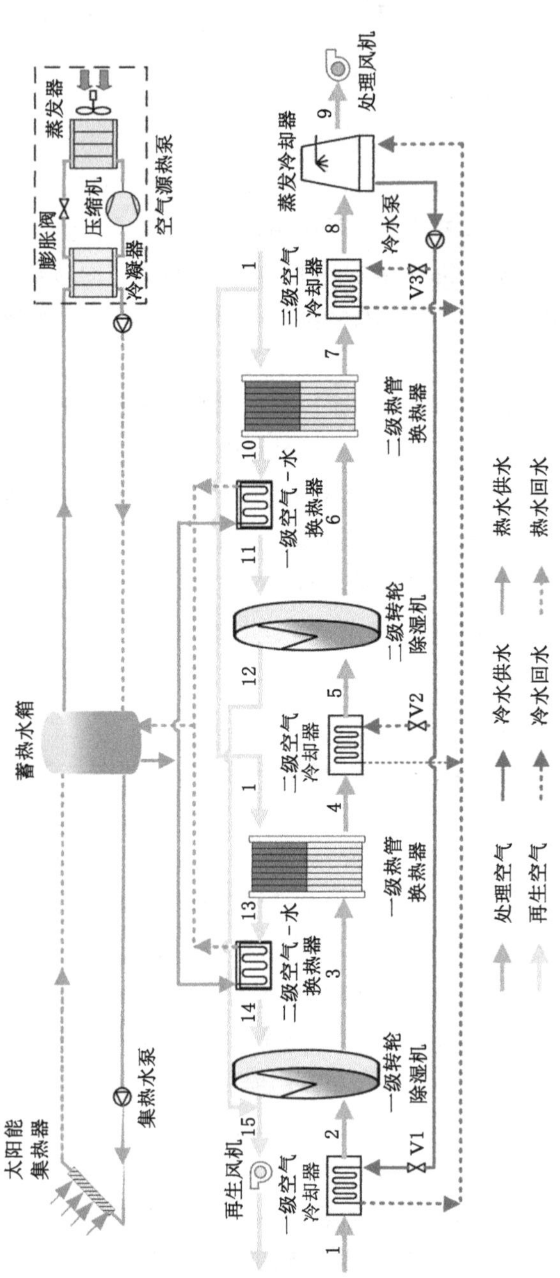


图 7-4　太阳能与空气源热泵互补驱动除湿空调系统原理图

为系统提供所需的再生热量。

综上所述，太阳能与空气源热泵互补驱动除湿空调系统的 3 种运行模式保证了系统再生热量的稳定输出，同时最大限度地利用清洁环保的太阳能资源，显著提高了系统的节能潜力。

太阳能与空气源热泵互补驱动除湿空调系统的控制策略包括太阳能集热循环控制和热泵循环控制，具体的控制方式如下：

① 太阳能集热循环控制：太阳能集热循环控制采用温差控制模式，通过监测太阳能集热器出口水温和蓄热水箱底部水温的温差来控制集热水泵的启闭。当水温温差大于 8 ℃时，集热水泵开启；当水温温差小于 2 ℃时，集热水泵关闭。此外，过高的水温会对太阳能集热器和管路产生不利影响，为了太阳能集热器安全稳定地运行，当太阳能集热器出口水温超过 90 ℃时，集热水泵关闭。

② 热泵循环控制：热泵循环控制采用时间控制和温差控制。设定时间的控制信号为 $k_t$。在系统工作时间开启，则 $k_t$ 为 1；在系统非工作时间开启，$k_t$ 为 0。同时，当蓄热水箱的出水温度小于 65 ℃，不能提供系统所需的再生热量时，需要通过空气源热泵将热水加热至设定温度，然后将热水输送至蓄热水箱中，以便在系统工作时间将热水提供给空气-水换热器加热再生空气，满足转轮除湿机的再生要求。温差控制器监测的蓄热水箱顶部供水温度 $T_h$ 设定为 65 ℃。当蓄热水箱的出水温度小于系统设定的供水温度时，空气源热泵开启，此时温差控制信号 $k_x$ 为 1；当蓄热水箱的出水温度大于系统设定的供水温度时，空气源热泵关闭，此时温差控制信号 $k_x$ 为 0。因此，热泵循环控制控制信号 $k_{tx}$ 的逻辑公式如下：

$$k_{tx}=\text{int}[0.5\times(k_t+k_x)] \tag{7-2}$$

式中，热泵循环控制控制信号输出的逻辑功能如下：

① 当 $k_t=0$ 时，空气源热泵在系统非工作时间开启，无论 $k_x$ 为 0 或者为 1，则 $k_{tx}$ 为 0。

② 当 $k_t=1$ 时，空气源热泵在系统工作时间开启，若 $k_x$ 为 0，则 $k_{tx}$ 为 0。

③ 当 $k_t=1$ 时，空气源热泵在系统工作时间开启，若 $k_x$ 为 1，则 $k_{tx}$ 为 1。

### 7.3.2　系统优化模型

在太阳能与空气源热泵互补驱动除湿空调系统中，选取太阳能集热器集热面积、蓄热水箱容积、空气源热泵制热功率为优化参数，以广州典型办公建筑为例，进行实际系统参数优化。为了比较系统优化前后性能的变化，系统各设备根据规范要求进行设计，太阳能与空气源热泵互补驱动除湿空调系统初始设计参数以及优化变量范围分别如表 7-1 和表 7-2 所示。

**表 7-1　太阳能与空气源热泵互补驱动除湿空调系统初始设计参数**

| 部件名称 | 参数类型 | 数值 |
|---|---|---|
| 太阳能集热器 | 面积/$m^2$ | 192 |
| | 倾角/(°) | 12 |
| | 方位角/(°) | 0 |
| 集热水泵 | 额定流量/(kg/h) | 5 200 |
| | 额定功率/kW | 0.65 |
| 蓄热水箱 | 容积/$m^3$ | 12.6 |
| | 热损失系数/[W/($m^2$ · K)] | 0.85 |
| 空气源热泵 | 额定制热量/kW | 45.0 |
| | 额定功率/kW | 11.0 |
| 热泵冷凝侧循环泵 | 额定流量/(kg/h) | 4 600 |
| | 额定功率/kW | 0.5 |

**表 7-2　太阳能与空气源热泵互补驱动除湿空调系统优化变量范围**

| 太阳能集热器集热面积 | | | 蓄热水箱容积 | | | 空气源热泵制热功率 | | |
|---|---|---|---|---|---|---|---|---|
| 最小值/$m^2$ | 最大值/$m^2$ | 步长 | 最小值/$m^3$ | 量大值/$m^3$ | 步长 | 最小值/kW | 最大值/kW | 步长 |
| 134 | 256 | 1 | 7.8 | 18.2 | 0.1 | 6.4 | 22.5 | 0.1 |

采用全生命周期成本为目标函数，对太阳能集热器集热面积、蓄热水箱容积以及空气源热泵制热功率进行优化。

在本系统中，热管换热器的价格为 1 950 元/$m^2$，蒸发冷却器和空气源热泵的价格分别为 639 元/kW 和 2 000 元/kW。

应用 TRNSYS 软件建立太阳能与空气源热泵互补驱动除湿空调系统仿真模型，根据设置的优化参数和选取的目标函数，通过 GENOPT 软件调用 PSO-HJ 算法，采用全生命周期成本来优化系统模型。太阳能与空气源热泵互补驱动除湿空调系统优化模型如图 7-5 所示。

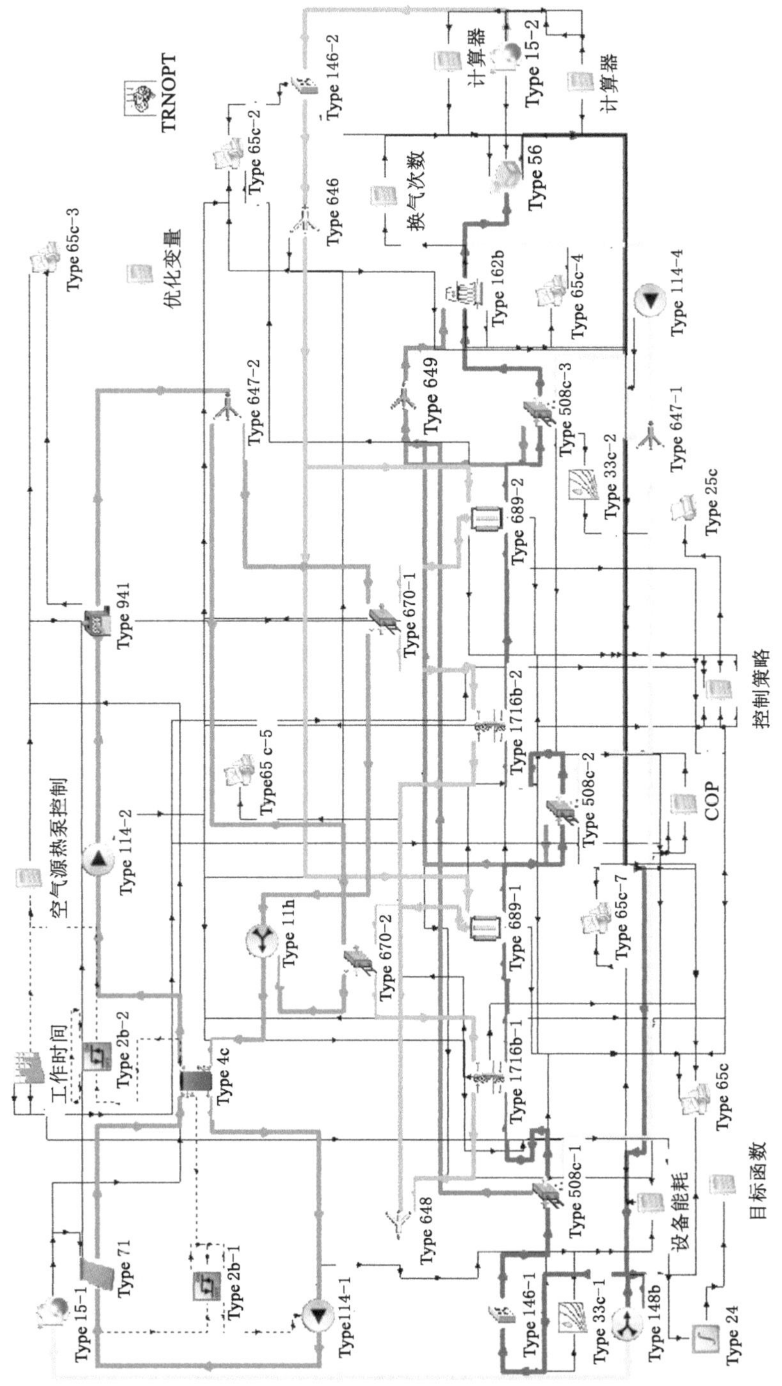


图 7-5　太阳能与空气源热泵互补驱动除湿空调系统优化模型

### 7.3.3 系统优化结果分析

#### 7.3.3.1 热力性能

利用蒸发冷却器空气与水直接接触制备高温冷水，其热湿交换过程主要受气水比的影响。气水比 $\lambda$ 为进入蒸发冷却器的空气质量流量与喷淋水质量流量之比[85-86]。在处理空气进口温度为 34 ℃，处理空气进口含湿量为 18 g/kg，处理空气流量为 2 160 kg/h，再生空气流量为 1 440 kg/h，再生温度为 60 ℃，一级空气冷却器、二级空气冷却器和三级空气冷却器占制备冷水的比例为 2∶2∶6，冷水流量从 2 160 kg/h 变到 1 200 kg/h(气水比从 1.0 变到 1.8，间隔为 0.2)的条件下，分析气水比对冷水温度的影响。同时，在最佳气水比下，研究不同再生温度下系统的除湿性能以及性能系数。

气水比对冷水温度的影响如图 7-6 所示。当气水比为 1.4 时，冷水的温度达到最低，为 15.9 ℃。当气水比为 1.0、1.2、1.6 和 1.8 时，冷水温度分别为 18.4 ℃、17.6 ℃、16.4 ℃和 17.3 ℃。气水比 1.4 为系统制备冷水的最佳气水比。过大的气水比会使喷淋水不能很好地湿润填料表面，空气与水接触不充分，导致冷却效率降低；当气水比较小时，填料段的水膜厚度变大使得热流密度减小，达不到预期降温效果[87]。

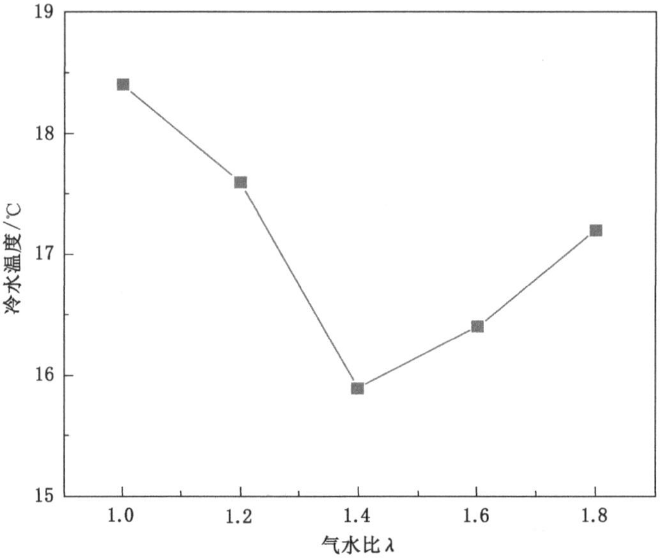


图 7-6 气水比对冷水温度的影响

再生温度对太阳能与空气源热泵互补驱动除湿空调系统除湿量和除湿效率($\eta_D$)的影响如图 7-7 所示。当再生温度升高时，系统除湿量从 3.22 g/s 增加到 5.89 g/s，$\eta_D$ 从 0.32 增加到 0.59。系统除湿量增加的原因是再生温度升高，转轮除湿机再生侧能够解吸出更多的水分，从而导致处理侧除湿能力增强。

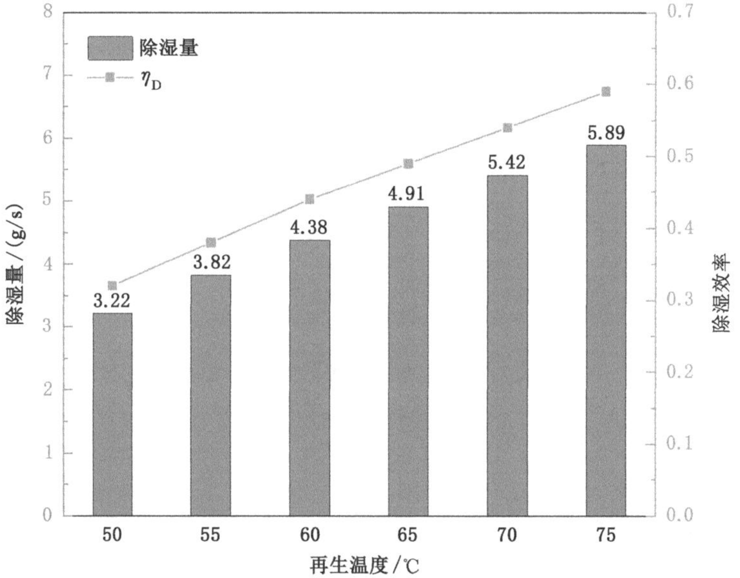


图 7-7　再生温度对太阳能与空气源热泵互补驱动除湿空调系统和除湿除湿量效率的影响

再生温度对太阳能与空气源热泵互补驱动除湿空调系统制冷量和热力能效比 $COP_{th}$ 的影响如图 7-8 所示。随着再生温度的升高，系统制冷量增加，而 $COP_{th}$ 减少。系统制冷量由 18.1 kW 增加到 25.5 kW，增幅为 40.9%；系统 $COP_{th}$ 从 1.94 减少至 1.33，减幅为 31.4%。系统制冷量增加的原因是转轮除湿机的除湿能力增强，从而产生更多的吸附热，换热势差增大；系统 $COP_{th}$ 减少的原因是再生温度升高，虽然系统制冷量增加，但同时转轮除湿机所需的再生热量也增加，并且再生热量增加的幅度大于制冷量增加的幅度。

7.3.3.2　优化结果

太阳能与空气源热泵互补驱动除湿空调系统设备优化结果如图 7-9 所示。由图可以看出，当系统目标函数迭代步数达到 670 步时，目标函数全生命周期成

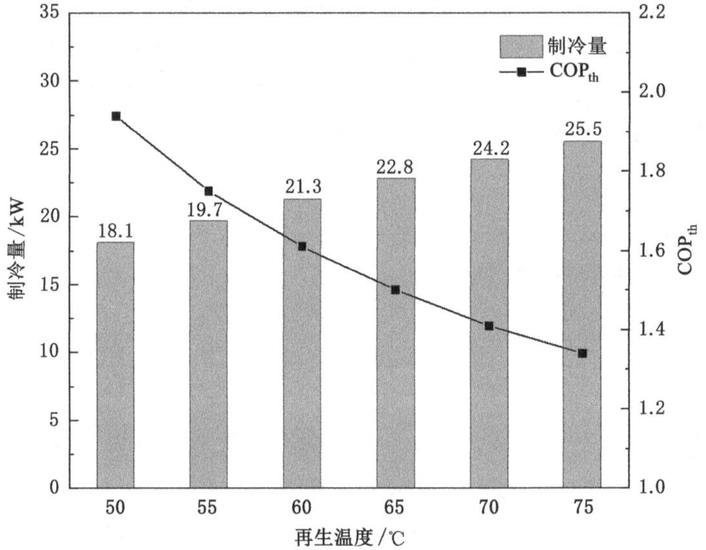


图 7-8　再生温度对太阳能与空气源热泵互补驱动除湿空调系统制冷量和 COP$_{th}$ 的影响

本波动较小且优化过程收敛，优化结果满足精度要求。这表明利用 GENOPT 软件调用 PSO-HJ 算法对系统参数优化具有一定的合理性。此时，目标函数系统全生命周期成本达到最小值，系统的各优化参数取得最优解。当太阳能集热器集热面积为 170 m$^2$、蓄热水箱容积为 11.5 m$^3$、空气源热泵制热功率为9.6 kW 时，系统的全生命周期成本达到最小值且为 103.9 万元。

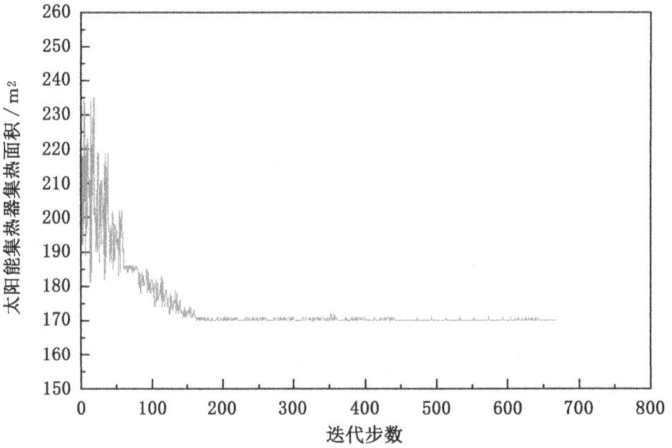


(a) 太阳能集热器集热面积

图 7-9　太阳能与空气源热泵互补驱动除湿空调系统设备优化结果

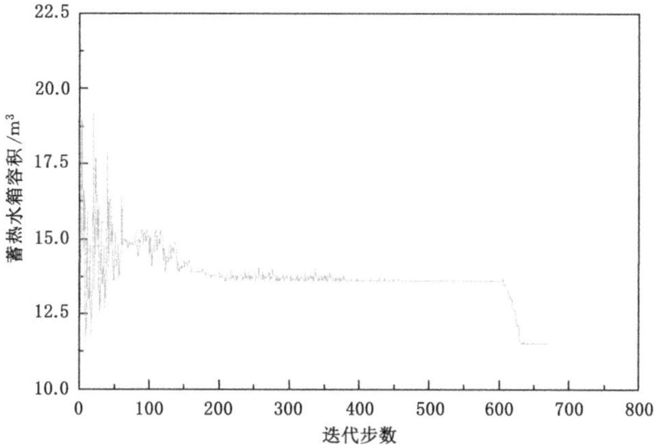


(b) 蓄热水箱容积

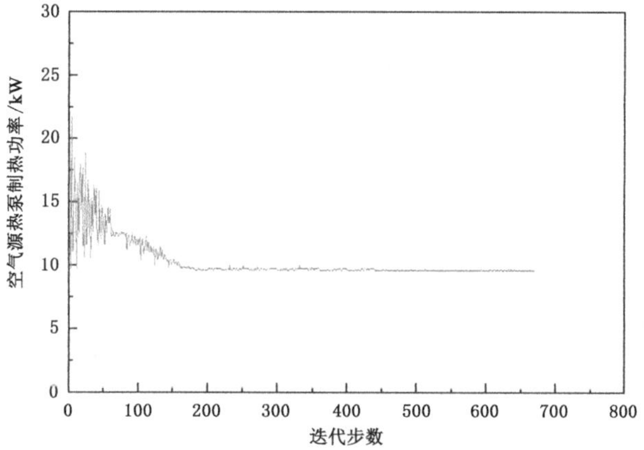


(c) 空气源热泵制热功率

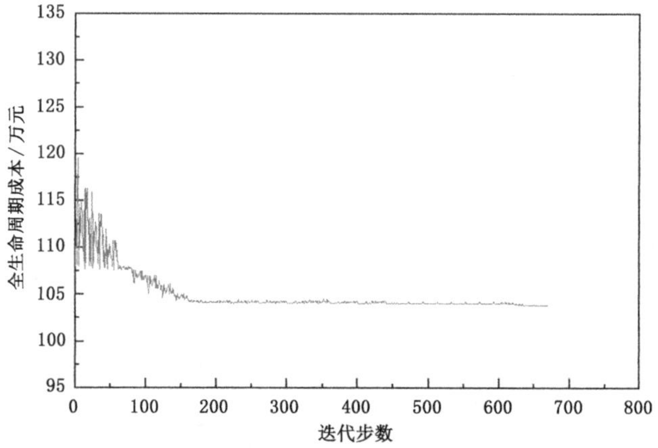


(d) 全生命周期成本

图 7-9　(续)

7.3.3.3　优化前后性能对比

根据 GENOPT 软件模拟得出的最优结果,太阳能与空气源热泵互补除湿空调系统优化参数对比如表 7-3 所示。

**表 7-3　太阳能与空气源热泵互补除湿空调系统优化参数对比**

| 太阳能集热器集热面积 | | | 蓄热水箱容积 | | | 空气源热泵制热功率 | | |
|---|---|---|---|---|---|---|---|---|
| 初始值 /$m^2$ | 优化值 /$m^2$ | 变化量 /% | 初始值 /$m^3$ | 优化值 /$m^3$ | 变化量 /% | 初始值 /kW | 优化值 /kW | 变化量 /% |
| 192 | 170 | −11.5 | 12.6 | 11.5 | −8.7 | 11.0 | 9.6 | −12.7 |

由图 7-9 和表 7-3 可以看出,系统采用全生命周期成本为目标函数,经过优化之后,太阳能集热器集热面积、蓄热水箱容积以及空气源热泵制热功率都有所减小,减小的幅度分别为 11.5%、8.7%和 12.7%。同时,单位集热面积蓄热水箱容积稳定在 68 L/$m^2$,单位集热面积空气源热泵制热功率稳定在 57 W/$m^2$。

太阳能与空气源热泵互补驱动除湿空调系统优化前后太阳能集热器有用能如图 7-10 所示。优化后系统的太阳能集热器各月有用能低于优化前系统的太阳能集热器各月有用能。与优化前相比,优化后系统太阳能集热器各月有用能分别减小了 10.6%、11.1%、11.0%和 10.8%。优化后系统太阳能集热器各月有用能降低的原因是优化后系统的太阳能集热器面积减小,从而导致太阳能集热器接受太阳能辐射量减少。

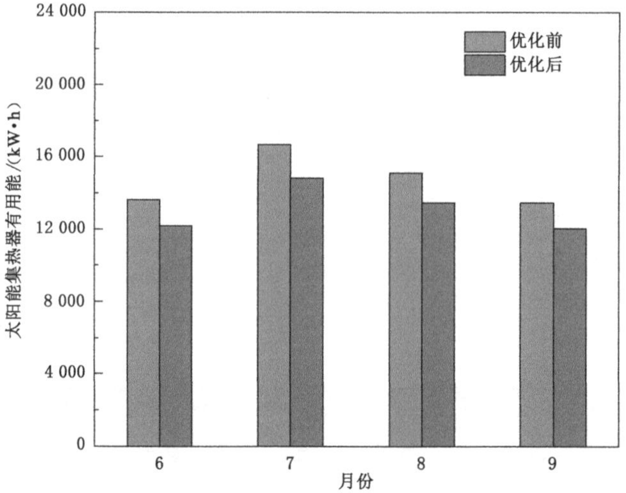


图 7-10　太阳能与空气源热泵互补驱动除湿空调系统优化前后系统太阳能集热器有用能

太阳能与空气源热泵互补驱动除湿空调系统优化前后空气源热泵性能如图 7-11 所示。由图 7-11 可以看出:优化前后空气源热泵供水温度基本变化不大,能够满足转轮除湿机的再生要求;优化后空气源热泵 COP 明显大于优化前空气源热泵 COP。空气源热泵 COP 增大的原因是优化后空气源热泵的制热功率降低,性能得到提升。

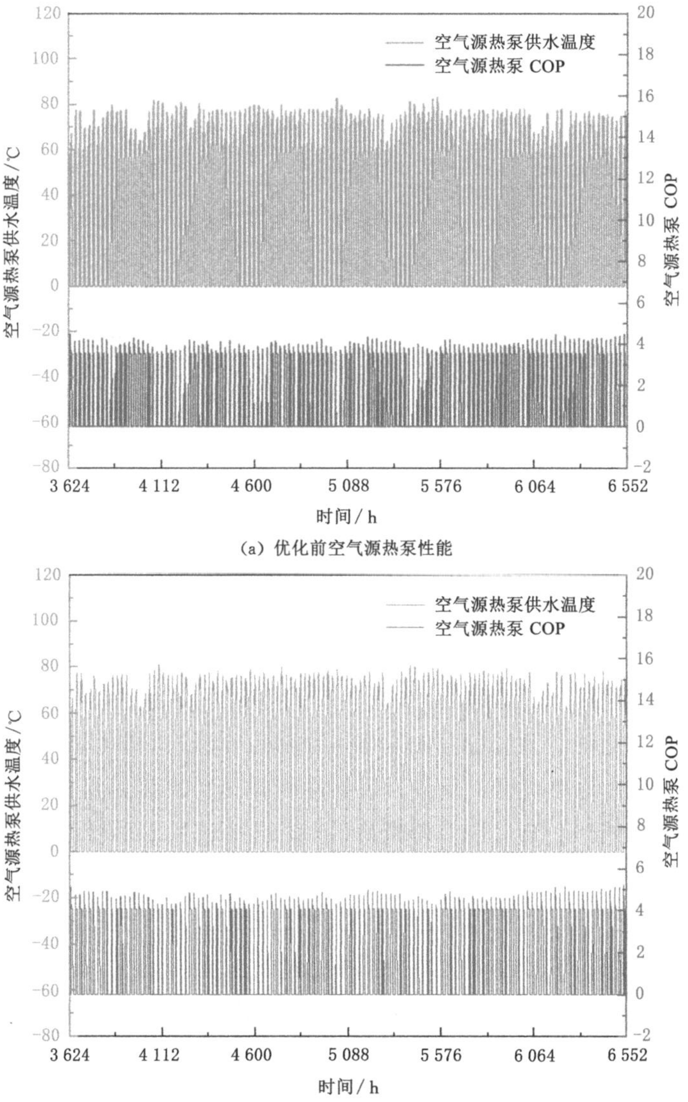

(a) 优化前空气源热泵性能

(b) 优化后空气源热泵性能

图 7-11　太阳能与空气源热泵互补驱动除湿空调系统优化前后空气源热泵性能

优化前后太阳能与空气源热泵互补驱动除湿空调系统能耗如图 7-12 所示。由图 7-12 可以看出，优化后系统的各月能耗均低于优化前系统的各月能耗。优化后系统各月能耗分别为 4 577.5 kW·h、4 289.3 kW·h、4 403.0 kW·h、4 613.0 kW·h。相比于优化前，优化后系统制冷季的节能率提高了 5.7%。

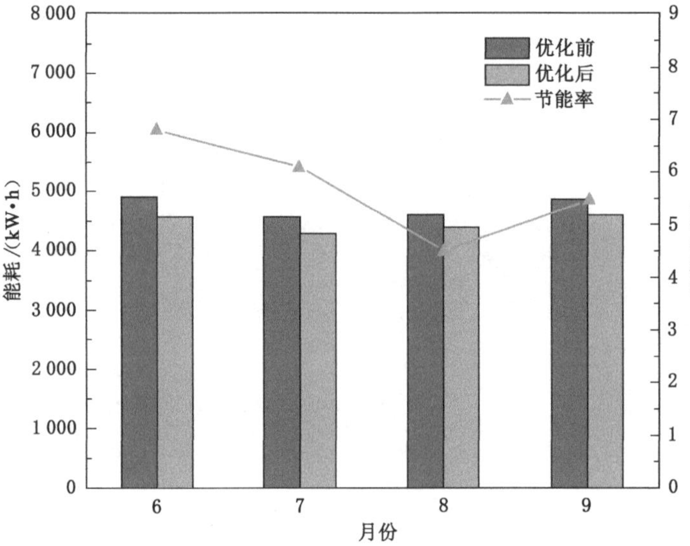


图 7-12　优化前后太阳能与空气源热泵互补驱动除湿空调系统能耗

优化前后太阳能与空气源热泵互补驱动除湿空调系统电力能效比 $COP_e$ 如图 7-13 所示。由图 7-13 可以看出，优化后系统各月 $COP_e$ 基本均大于优化前系统各月 $COP_e$。优化后系统各月的 $COP_e$ 分别为 6.3、7.3、7.4 和 6.7。相比于优化前，优化后系统的性能得到升高。系统性能提升的原因是经过优化空气源热泵的制热功率降低，系统总能耗降低，而系统制冷量基本不变，所以系统 $COP_e$ 增大。

系统采用全生命周期成本为目标函数，调用 PSO-HJ 算法对系统参数进行优化。根据系统参数的优化结果，对比优化前后系统经济性的变化情况。太阳能与空气源热泵互补驱动除湿空调系统优化经济性对比结果如表 7-4 所示。

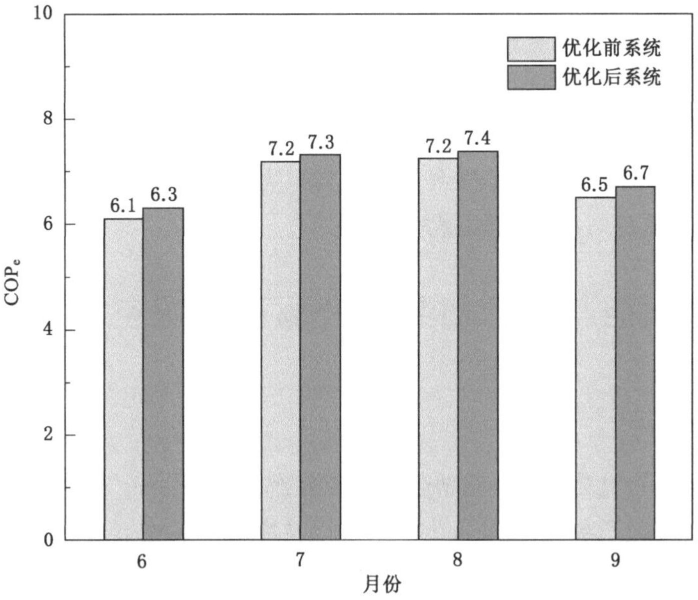


图 7-13　优化前后太阳能与空气源热泵互补除湿空调系统 COP$_e$

**表 7-4　太阳能与空气源热泵互补驱动除湿空调系统优化经济性对比**

| 系统 | 太阳能集热器成本/万元 | 蓄热水箱成本/万元 | 空气源热泵成本/万元 | 其他设备成本/万元 | 设备初投资/万元 | 设备运行成本/万元 | 管道附件及安装费/万元 | 维护管理费用/万元 | 全生命周期成本/万元 |
|---|---|---|---|---|---|---|---|---|---|
| 优化前 | 22.05 | 0.90 | 3.16 | 36.99 | 63.10 | 21.62 | 11.34 | 13.19 | 109.25 |
| 优化后 | 19.52 | 0.83 | 2.76 | 36.99 | 60.10 | 20.38 | 10.82 | 12.56 | 103.86 |

从表 7-4 中可以看出，相比于优化前，优化后系统的全生命周期成本降低了 5.0%。太阳能集热器成本、蓄热水箱成本、空气源热泵成本以及设备运行成本均有所降低。其中，空气源热泵成本降低的幅度最大且为 12.7%，其次是太阳能集热器，降低幅度为 11.5%，最后是蓄热水箱，降低幅度为 7.8%。这表明降低空气源热泵制热功率能够提高系统能源利用率，从而使得全生命周期成本降低。另外，减小太阳能集热器集热面积也有利于系统全生命周期成本的降低，这是因为太阳能集热器成本在太阳能集热器、蓄热水箱和空气源热泵等设备成本中占较大的比重，适当降低太阳能集热器的成本，充分发挥空气源热泵的性能，能够有效降低系统的初投资，从而降低系统的全生命周期成本。系统设备运行成本

主要包括空气源热泵、水泵和风机等成本，优化前后系统运行成本占全生命周期成本的20%左右，说明系统运行成本在全生命周期成本中占较大的比重，降低空气源热泵的能耗，有利于降低系统全生命周期成本。优化前后系统的管道附件及安装费、维护管理费用分别占全生命周期成本的10.4%左右和12.1%左右，适当降低系统设备的初投资，能够有效节省系统管道附件及安装费、维护管理费用，从而提高系统的经济竞争优势。

## 7.4 太阳能与水源热泵互补驱动除湿空调系统

### 7.4.1 系统原理

太阳能与水源热泵互补驱动除湿空调系统原理图如图 7-14 所示。该系统主要由空气处理子系统、互补再生子系统以及冷却子系统组成。其中空气处理子系统包括一级空气冷却器、一级转轮除湿机、一级热管换热器、二级空气冷却器、二级转轮除湿机、二级热管换热器、三级空气冷却器、一级空气-水换热器、二级空气-水换热器、处理风机和再生风机等设备。互补再生子系统包括太阳能集热器、蓄热水箱、水源热泵、热水泵等设备，通过太阳能和水源热泵互补提供系统所需的再生热量。冷却子系统包括自然冷源等，可为系统提供低温冷水并通过循环水泵输送至三级空气冷却器用来冷却空气。

太阳能与水源热泵互补除湿空调系统具有以下显著特点：

① 在空气处理子系统中，两级转轮除湿机除湿后产生了较多的吸附热，采用两级热管换热器对吸附热进行部分回收，将回收的热量用来加热再生空气，不仅降低了系统的冷却能耗，而且减少了系统所需提供的再生热量。

② 在互补再生子系统中，太阳能集热循环和水源热泵循环互补方式采用并联式，为系统提供所需的再生热量。

③ 太阳能与水源热泵互补除湿空调系统不仅采用自然冷源作为三级表冷器的冷水来源，而且利用自然冷源作为水源热泵蒸发侧的低温热源。

### 7.4.2 系统优化模型

在太阳能与水源热泵互补驱动除湿空调系统中，采用太阳能和水源热泵为互补驱动热源，为系统提供再生热量。选取太阳能集热器集热面积、蓄热水箱容积、水源热泵制热功率为优化参数，以广州典型办公建筑为例，进行实际系统参

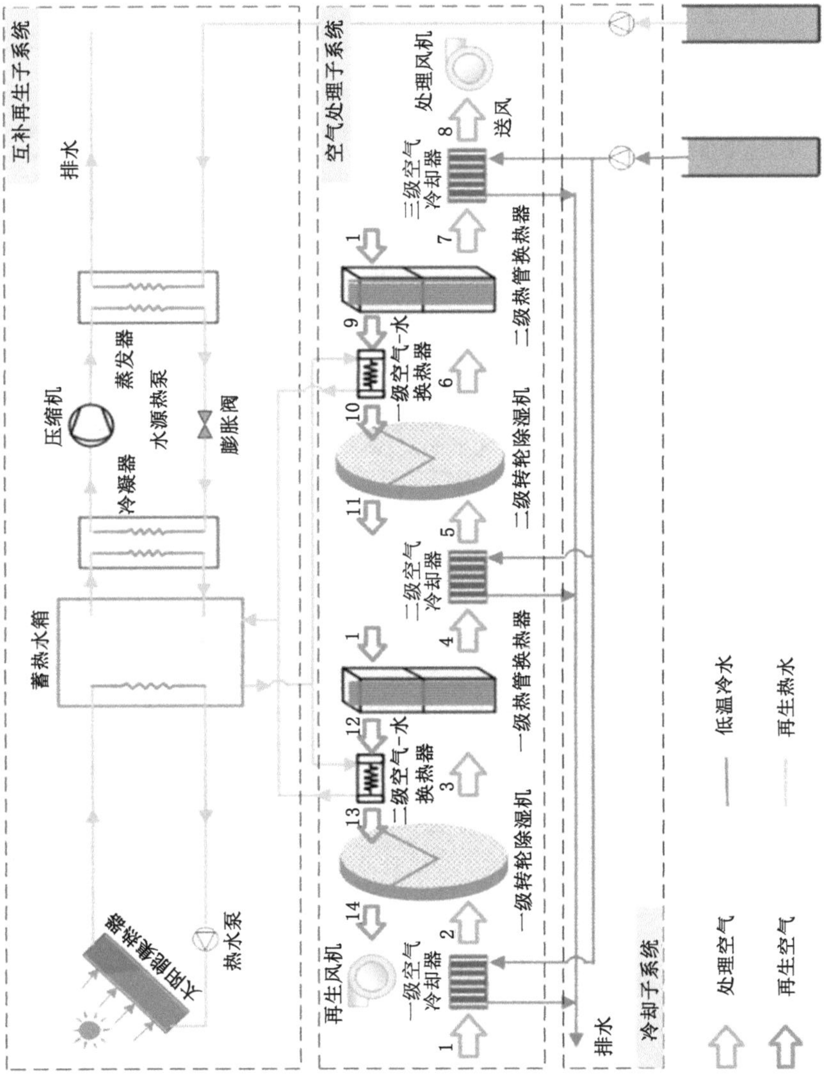


图 7-14　太阳能与水源热泵互补驱动除湿空调系统原理图

数优化。为了比较和分析系统优化前后性能的变化，系统各设备根据规范要求进行设计，太阳能与水源热泵互补驱动除湿空调系统初始设计参数以及优化变量范围分别如表 7-5 和表 7-6 所示。

**表 7-5　太阳能与水源热泵互补驱动除湿空调系统初始设计参数**

| 部件名称 | 参数类型 | 数值 |
| --- | --- | --- |
| 太阳能集热器 | 面积/$m^2$ | 192 |
| | 倾角/(°) | 12 |
| | 方位角/(°) | 0 |
| 集热水泵 | 额定流量/(kg/h) | 5 200 |
| | 额定功率/kW | 0.65 |
| 蓄热水箱 | 容积/$m^3$ | 12.6 |
| | 热损失系数/[W/($m^2$·K)] | 0.85 |
| 水源热泵 | 额定制热量/kW | 54.2 |
| | 额定功率/kW | 6.5 |
| 热泵冷凝侧循环泵 | 额定流量/(kg/h) | 4 600 |
| | 额定功率/kW | 0.5 |
| 热泵蒸发侧循环泵 | 额定流量/(kg/h) | 5 400 |
| | 额定功率/kW | 0.65 |

**表 7-6　太阳能与水源热泵互补除湿空调系统优化变量范围**

| 太阳能集热器集热面积 | | | 蓄热水箱容积 | | | 水源热泵制热功率 | | |
| --- | --- | --- | --- | --- | --- | --- | --- | --- |
| 最小值/$m^2$ | 最大值/$m^2$ | 步长 | 最小值/$m^3$ | 最大值/$m^3$ | 步长 | 最小值/$m^2$ | 最大值/$m^2$ | 步长 |
| 134 | 256 | 1 | 7.8 | 18.2 | 0.1 | 4.2 | 25.3 | 0.1 |

采用全生命周期成本为目标函数，在费用约束的范围条件下，对太阳能集热器集热面积、蓄热水箱容积以及水源热泵制热功率进行优化分析。

应用 TRNSYS 软件建立太阳能与水源热泵互补驱动除湿空调系统仿真模型，根据设置的优化参数和选取的目标函数，通过 GENOPT 软件调用 PSO-HJ 算法，对系统进行优化分析。太阳能与水源热泵互补驱动除湿空调系统优化模型如图 7-15 所示。

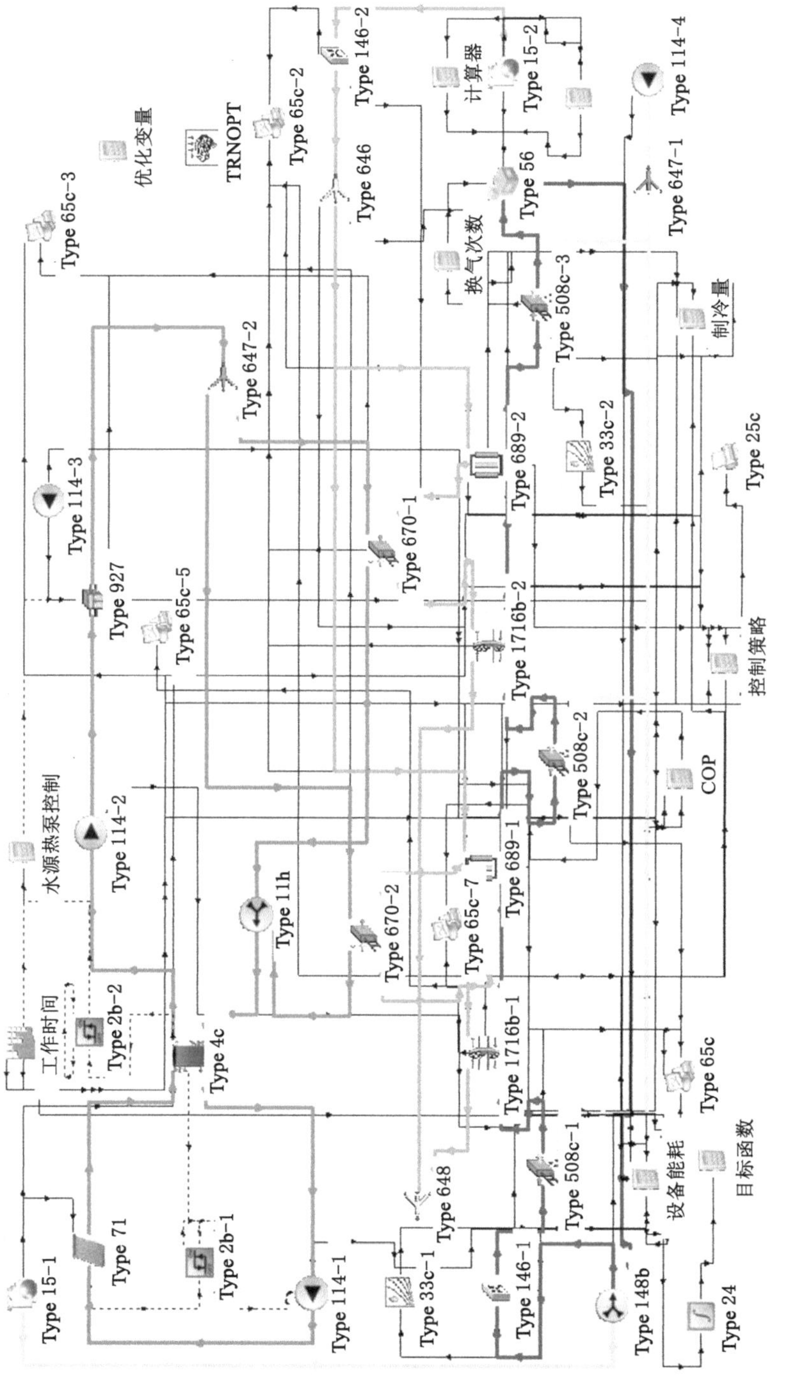


图 7-15　太阳能与水源热泵互补驱动除湿空调系统优化模型

### 7.4.3 系统优化结果分析

#### 7.4.3.1 热力性能

除湿空调系统在除湿过程中产生了较多的吸附热，导致转轮除湿机除湿后处理侧空气温度显著升高。在处理空气进口温度为 34 ℃、处理空气进口含湿量为 18 g/kg、处理空气流量为 0.6 kg/s、再生空气入口温度为 26 ℃的条件下，研究再生温度对热管换热器显热回收性能、系统除湿性能以及性能系数的影响。

再生温度对热管换热器显热回收量的影响如图 7-16 所示。随着再生温度的升高，两级热管换热器的显热回收量均增加。一级热管换热器的显热回收量从 0.96 kW 增加到 2.34 kW，增幅为 143.8%。二级热管换热器的显热回收量从 0.43 kW 增加到 1.48 kW，增幅为 244.2%。热管换热器显热回收量增加的原因是转轮除湿机除湿能力增强而产生更多的吸附热，热管换热器蒸发侧和冷凝侧的两股空气的换热势差增大。

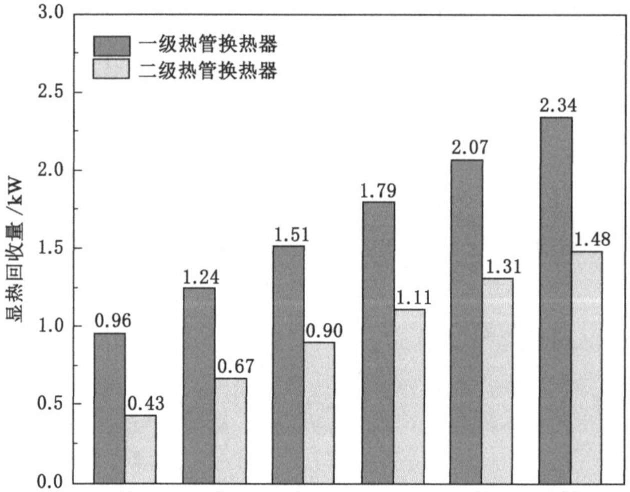


图 7-16 再生温度对热管换热器显热回收量的影响

再生温度对太阳能与水源热泵互补驱动除湿空调系统除湿量和 $\eta_D$ 的影响如图 7-17 所示。当再生温度升高时，系统除湿量从 5.93 g/s 增加到 8.03 g/s，而 $\eta_D$ 从 0.59 增加到 0.79。转轮除湿机除湿能力增强是由于转轮除湿机再生侧对再生空气的解吸能力加强，使得除湿材料在转轮除湿机处理侧吸附更多的水分。

因此，提升再生温度有助于增加系统的除湿量和 $\eta_D$。

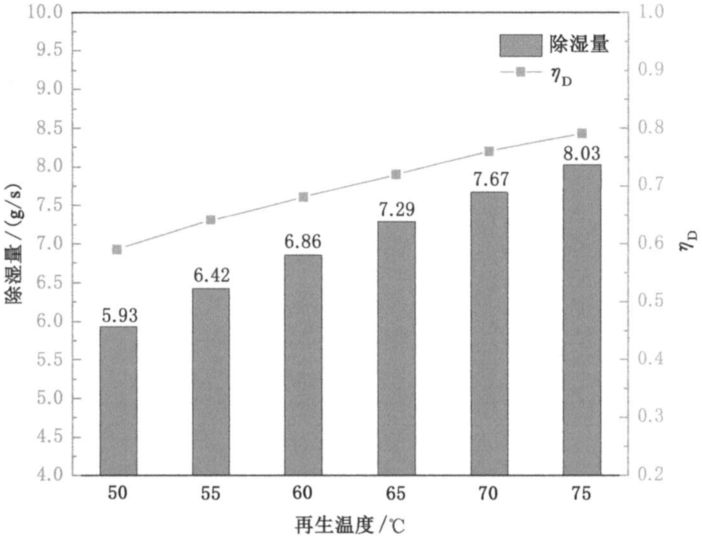


图 7-17　再生温度对太阳能与水源热泵互补驱动除湿空调系统除湿量和 $\eta_D$ 的影响

再生温度对太阳能与水源热泵互补驱动除湿空调系统制冷量和 $COP_{th}$ 的影响如图 7-18 所示。随着再生温度的升高，系统制冷量增加，而 $COP_{th}$ 减少。系统制冷量由 26.3 kW 增加到 31.2 kW，增幅为 18.6%。系统 $COP_{th}$ 从 2.81 减少至 1.64，减幅为 41.6%。系统制冷量增加的原因是转轮除湿机除湿量增加，从而产生更多的吸附热，增加了系统的制冷量。系统 $COP_{th}$ 减少的原因是系统再生热量增加的幅度大于系统制冷量增加的幅度。

#### 7.4.3.2　优化结果

太阳能与水源热泵互补驱动除湿空调系统设备优化结果如图 7-19 所示。从图中可以看出，当系统目标函数迭代步数达到 689 步时，目标函数全生命周期成本波动较小且优化过程收敛，优化结果满足精度要求。这表明利用 GENOPT 软件调用 PSO-HJ 算法对系统参数优化具有一定的合理性。此时，目标函数系统全生命周期成本达到最小值，系统的各优化参数取得最优解。当太阳能集热器集热面积为 168 $m^2$、蓄热水箱容积为 11.4 $m^3$、水源热泵制热功率为 5.6 kW 时，系统的全生命周期成本达到最小值且为 90.2 万元。

#### 7.4.3.3　优化前后性能对比

根据系统选取的目标函数以及得到的优化结果，太阳能与水源热泵互补驱动

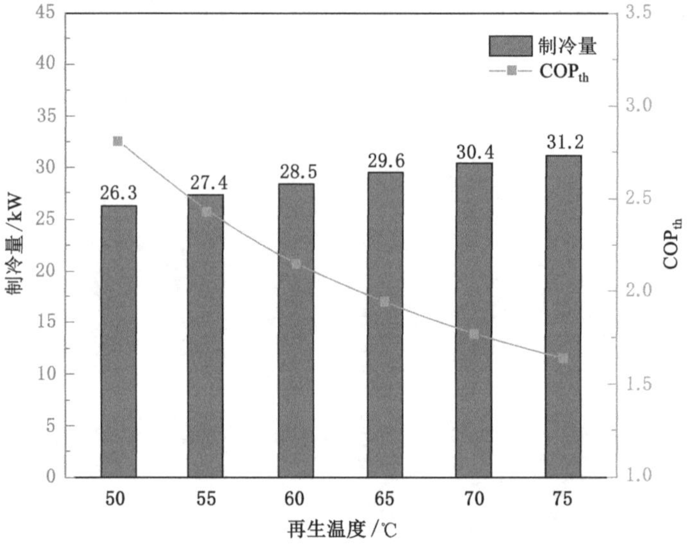


图 7-18　再生温度对太阳能与水源热泵互补驱动除湿空调系统制冷量和 $COP_{th}$ 的影响

动除湿空调系统优化参数对比如表 7-7 所示。

**表 7-7　太阳能与水源热泵互补驱动除湿空调系统优化参数对比**

| 太阳能集热器集热面积 | | | 蓄热水箱容积 | | | 水源热泵制热功率 | | |
|---|---|---|---|---|---|---|---|---|
| 初始值 /$m^2$ | 优化值 /$m^2$ | 变化量 /% | 初始值 /$m^3$ | 优化值 /$m^3$ | 变化量 /% | 初始值 /kW | 优化值 /kW | 变化量 /% |
| 192 | 168 | −12.5 | 12.6 | 11.4 | −9.5 | 6.5 | 5.6 | −13.8 |

由图 7-19 和表 7-7 可以看出，系统采用全生命周期成本为目标函数，经过优化之后，太阳能集热器集热面积、蓄热水箱容积以及水源热泵制热功率都有所减小，减小的幅度分别为 12.5%、9.5%和 13.8%。同时，单位集热面积蓄热水箱容积稳定在 68 L/$m^2$，单位集热面积水源热泵制热功率稳定在 33 W/$m^2$。

太阳能与水源热泵互补驱动除湿空调系统优化前后太阳能集热器有用能如图 7-20 所示。与优化前相比，优化后系统的太阳能集热器各月有用能降低。优化后太阳能集热器各月有用能分别为 12 254.2 kW·h、14 972.3 kW·h、13 567.6 kW·h 和11 882.7 kW·h。系统制冷季优化后太阳能集热器有用能相比于优化前减少了 12.2%。

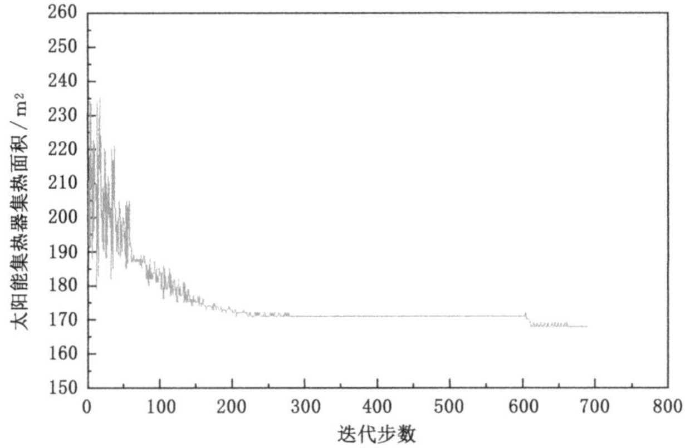


(a) 太阳能集热器集热面积

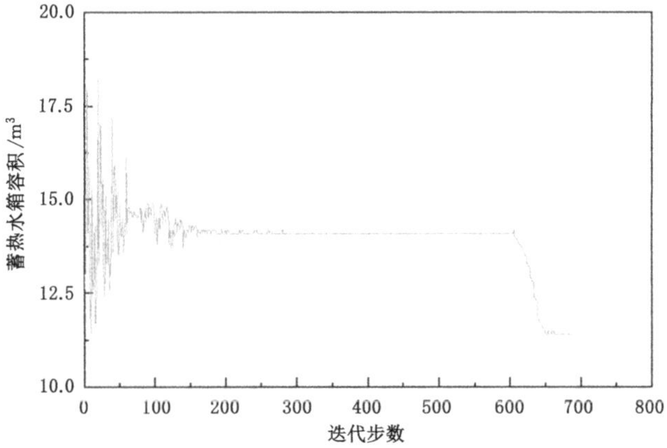


(b) 蓄热水箱容积

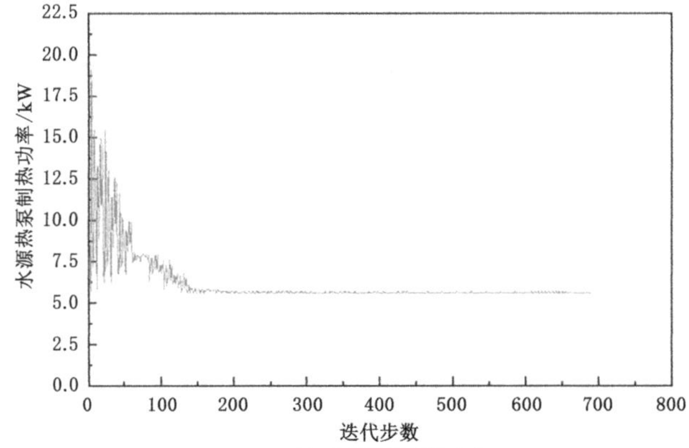


(c) 水源热泵制热功率

图 7-19　太阳能与水源热泵互补驱动除湿空调系统设备优化结果

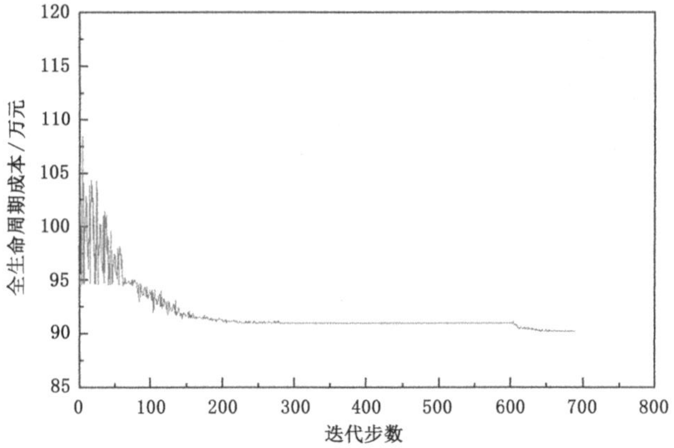


(d) 全生命周期成本

图 7-19 (续)

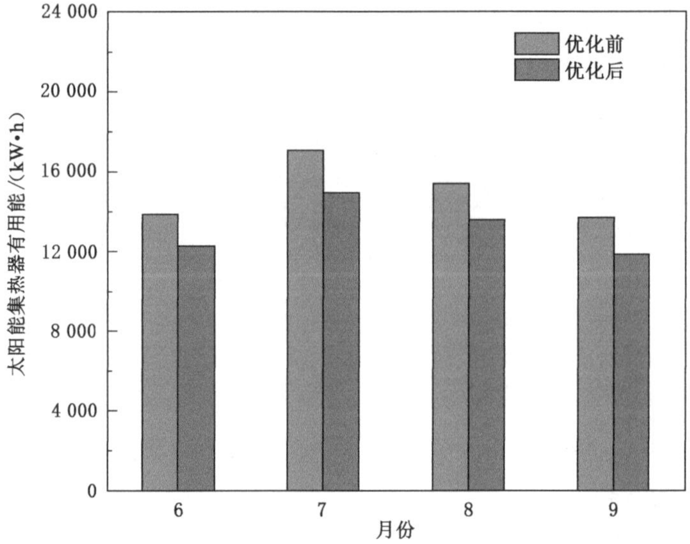


图 7-20　太阳能与水源热泵互补驱动除湿空调系统优化前后太阳能集热器有用能

太阳能与水源热泵互补驱动除湿空调系统优化前后水源热泵性能如图 7-21 所示。由图 7-21 可以看出，优化前后水源热泵供水温度基本变化不大，都达到 60 ℃以上。优化后水源热泵 COP 明显高于优化前水源热泵 COP。系

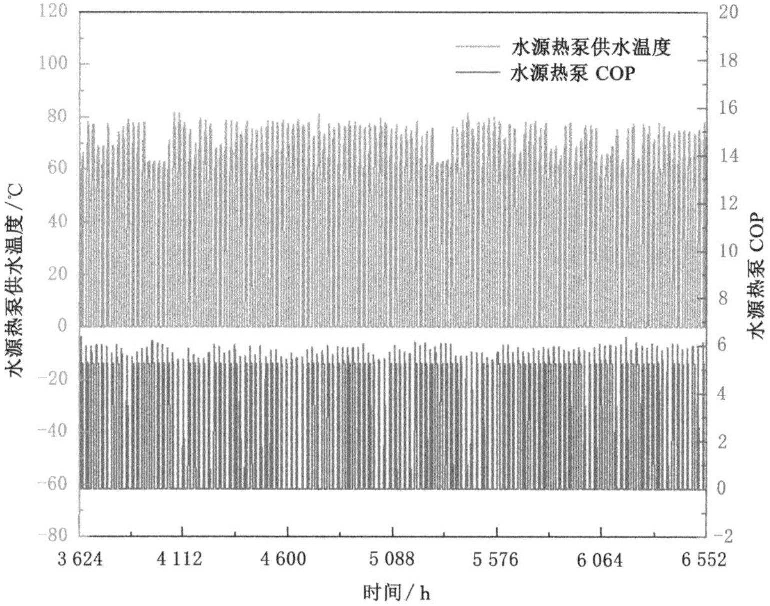


(a) 优化前水源热泵性能

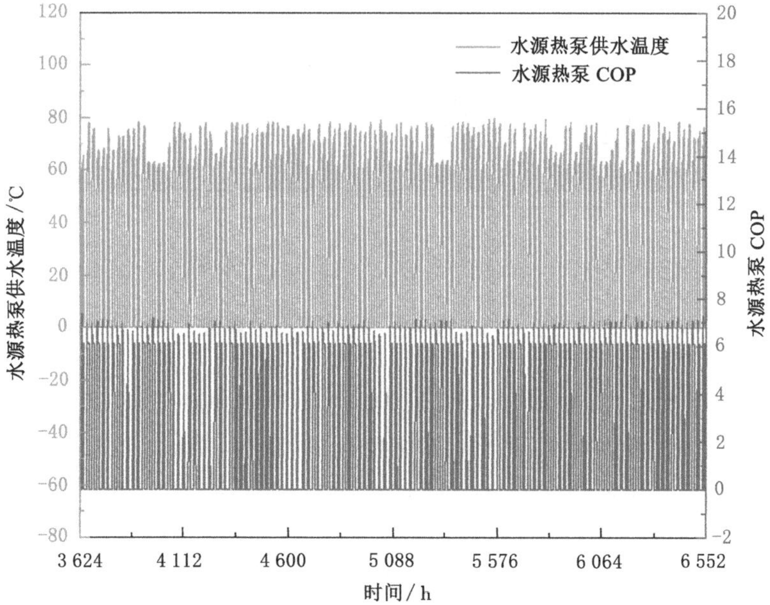


(b) 优化后水源热泵性能

图 7-21　太阳能与水源热泵互补驱动除湿空调系统优化前后水源热泵性能

统在满足转轮除湿机所需再生热量的基础上，优化后系统水源热泵的性能提高，系统运行能耗显著降低。

优化前后太阳能与水源热泵互补驱动除湿空调系统能耗如图 7-22 所示。从图中可以看出，优化后系统各月能耗均低于优化前系统各月能耗。优化后系统各月能耗分别为 4 123.1 kW·h、4 089.9 kW·h、4 129.6 kW·h、4 195.8 kW·h。相比于优化前，优化后系统平均节能率提高了 4.93%。在 6 月份节能率达到最高且为 6.7%，而在 9 月份节能率最低且为 4.0%。

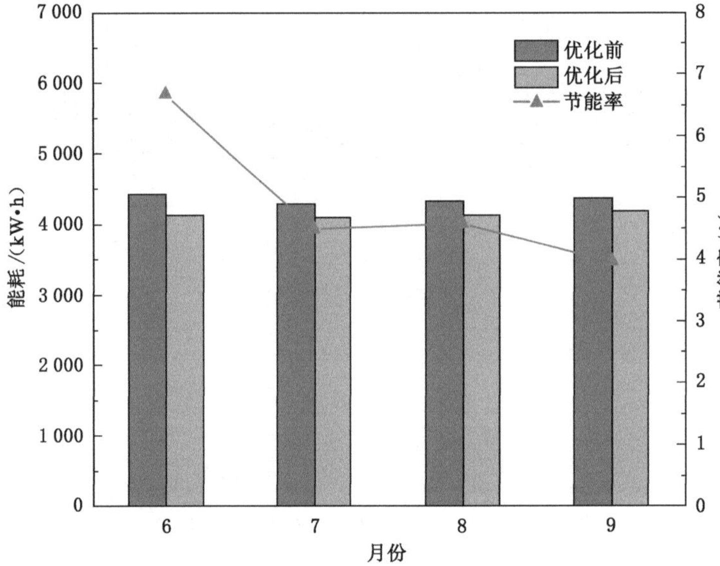


图 7-22　优化前后太阳能与水源热泵互补驱动除湿空调系统能耗

优化前后太阳能与水源热泵互补驱动除湿空调系统电力 $COP_e$ 如图 7-23 所示。由图 7-23 可以看出，优化后系统各月 $COP_e$ 基本均大于优化前系统各月 $COP_e$。优化后系统各月的 $COP_e$ 分别为 7.3、8.1、7.8 和 6.9。相比于优化前，优化后系统的性能提升，说明优化后的系统更具节能优势。

根据 GENOPT 软件模拟得出的最优结果，对比优化前后系统经济性的变化情况。太阳能与水源热泵互补驱动除湿空调系统优化经济性对比结果如表 7-8 所示。

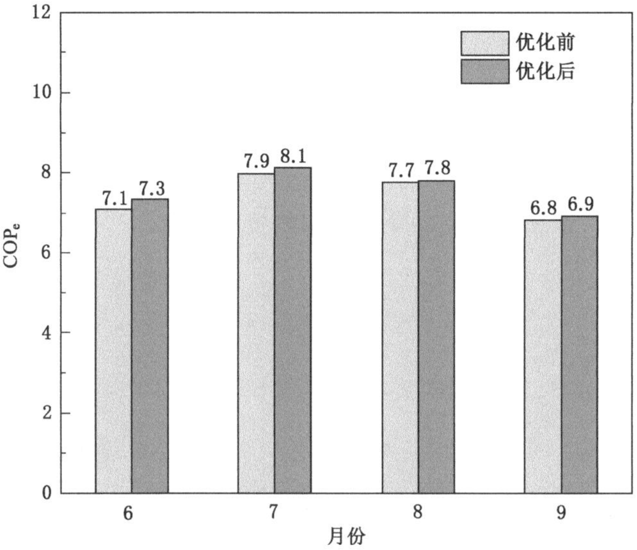


图 7-23　优化前后太阳能与水源热泵互补驱动除湿空调系统 $COP_e$

**表 7-8　太阳能与水源热泵互补驱动除湿空调系统优化经济性对比**

| 系统 | 太阳能集热器成本/万元 | 蓄热水箱成本/万元 | 水源热泵成本/万元 | 其他设备成本/万元 | 设备初投资/万元 | 设备运行成本/万元 | 管道附件及安装费/万元 | 维护管理费用/万元 | 全生命周期成本/万元 |
|---|---|---|---|---|---|---|---|---|---|
| 优化前 | 22.05 | 0.90 | 2.43 | 29.17 | 54.55 | 20.24 | 9.82 | 11.40 | 96.01 |
| 优化后 | 19.29 | 0.82 | 2.09 | 29.17 | 51.37 | 18.85 | 9.25 | 10.74 | 90.21 |

从表 7-8 中可以看出，相比于优化前，优化后系统的全生命周期成本减少了 6.0%。太阳能集热器成本、蓄热水箱成本、水源热泵成本以及设备运行成本均有所降低。其中，水源热泵成本降低的幅度最大且为 14.0%，其次是太阳能集热器，降低幅度为 12.5%，最后是蓄热水箱，降低幅度为 8.9%。这表明降低水源热泵制热功率能够提高系统能源利用率，从而使得全生命周期成本降低。另外，减小太阳能集热器集热面积也有利于系统全生命周期成本的降低，这是因为系统全生命周期较短，全生命周期内太阳能集热器的投资回收率较低，可以通过适当降低太阳能集热器的成本来降低系统全生命周期成本。

系统设备运行成本主要包括水源热泵、水泵和风机等成本，优化前后系统运行成本占全生命周期成本的21%左右，说明系统运行成本在全生命周期成本中占较大的比重。同时，系统运行成本与当地电价有着直接联系，当地电价的变化对全生命周期成本影响较大。优化前后系统的管道附件及安装费、维护管理费用分别占全生命周期成本的10.2%左右和11.9%左右，同时系统管道附件及安装费、维护管理费用主要受设备初投资的影响。

# 参考文献

[1] 张朝晖，刘璐璐，王若楠，等."双碳"目标下制冷空调行业技术发展的思考[J].制冷与空调，2022，22(1)：1-10.

[2] 简晓敏.新能源和可再生能源在暖通空调系统中的应用[J].江西建材，2020(4)：78-79.

[3] 张朦静，贾玲玉，韩好许.可再生能源在暖通空调系统中的具体应用分析[J].科技创新与应用，2022，12(20)：168-171.

[4] 姚玉璧，郑绍忠，杨扬，等.中国太阳能资源评估及其利用效率研究进展与展望[J].太阳能学报，2022，43(10)：524-535.

[5] WU W，WANG X Y，XIA M，et al.A novel composite PCM for seasonal thermal energy storage of solar water heating system[J]. Renewable energy，2020，161：457-469.

[6] 张朝晖，王若楠，高钰，等.热泵技术的应用现状与发展前景[J].制冷与空调，2018，18(1)：1-8.

[7] 彭金梅，罗会龙，崔国民，等.热泵技术应用现状及发展动向[J].昆明理工大学学报(自然科学版)，2012，37(5)：54-59.

[8] 杨灵艳，徐伟，朱清宇，等.国际热泵技术发展趋势分析[J].暖通空调，2012，42(8)：1-8.

[9] LONG J B，XIA K M，ZHONG H H，et al. Study on energy-saving operation of a combined heating system of solar hot water and air source heat pump[J].Energy conversion and management，2021，229：113624.

[10] WANG C L，GAO Y Z，DAI Z F，et al.Experimental investigation and performance evaluation on a direct expansion solar-air source heat pump system[J].International journal of refrigeration，2023，145：168-176.

[11] ZHENG X J，SHI R，YOU S J，et al.Experimental study of defrosting control method based on image processing technology for air source heat

pumps[J].Sustainable cities and society,2019,51:101667.

[12] YANG B W,DONG J K,ZHANG L,et al.Heating and energy storage characteristics of multi-split air source heat pump based on energy storage defrosting[J].Applied energy,2019,238:303-310.

[13] ABD-ELHADY M M,SALEM M S,HAMED A M,et al.Solid desiccant-based dehumidification systems: a critical review on configurations, techniques,and current trends[J].International journal of refrigeration, 2022,133:337-352.

[14] SULTAN M,EL-SHARKAWY I I,MIYAZAKI T,et al.An overview of solid desiccant dehumidification and air conditioning systems [J]. Renewable and sustainable energy reviews,2015,46:16-29.

[15] 万鑫.转轮除湿空调系统再生能耗研究进展[J].洁净与空调技术,2014(1):77-79.

[16] 刘星.夏热冬冷地区太阳能转轮除湿空调系统运行模拟分析[D].沈阳:沈阳建筑大学,2016.

[17] 黎娇.太阳能驱动的转轮干燥冷却空调系统节能潜力研究[D].湘潭:湖南科技大学,2012.

[18] QURESHI B A,ZUBAIR S M.The effect of refrigerant combinations on performance of a vapor compression refrigeration system with dedicated mechanical sub-cooling[J]. International journal of refrigeration, 2012, 35(1):47-57.

[19] PENNINGTON N A.Humidity changer for air-conditioning: US2700537 [P].1955-01-25.

[20] JAIN S,DHAR P L,KAUSHIK S C.Evaluation of solid-desiccant-based evaporative cooling cycles for typical hot and humid climates [J]. International journal of refrigeration,1995,18(5):287-296.

[21] COLLIER R, BARLOW R, ARNOLD F. An overview of open-cycle desiccant-cooling systems and materials [J]. Journal of solar energy engineering,1982,104:28-34.

[22] PESARAN A A,HEIDEN R.The influence of altitude on the performance of desiccant-cooling systems[J].Energy,1994,19(11):1165-1179.

[23] LA D,DAI Y J,LI Y,et al.Technical development of rotary desiccant

dehumidification and air conditioning: a review [J]. Renewable and sustainable energy reviews, 2010, 14(1): 130-147.

[24] KIATSIRIROAT T, TACHAJAPONG W. Analysis of a heat pump with solid desiccant tube bank [J]. International journal of energy research, 2002, 26(6): 527-542.

[25] JIA C X, DAI Y J, WU J Y, et al. Analysis on a hybrid desiccant air-conditioning system [J]. Applied thermal engineering, 2006, 26 (17/18): 2393-2400.

[26] NIU J L, ZHANG L Z, ZUO H G. Energy savings potential of chilled-ceiling combined with desiccant cooling in hot and humid climates [J]. Energy and buildings, 2002, 34(5): 487-495.

[27] DAI Y J, WANG R Z, XU Y X. Study of a solar powered solid adsorption-desiccant cooling system used for grain storage [J]. Renewable energy, 2002, 25(3): 417-430.

[28] 葛天舒.转轮式两级除湿空调理论与实验研究[D].上海:上海交通大学,2008.

[29] 侯小兵,邹同华,代咪咪.两级转轮除湿空调系统性能的试验研究[J].流体机械,2018,46(3):84-88,77.

[30] 杨长明,李平.转轮除湿技术的应用与研究进展[J].浙江建筑,2012,29(6):63-66.

[31] JIA C X, DAI Y J, WU J Y, et al. Use of compound desiccant to develop high performance desiccant cooling system [J]. International journal of refrigeration, 2007, 30(2): 345-353.

[32] SUKHYY K M, BELYANOVSKAYA E A, KOZLOV Y N, et al. Structure and adsorption properties of the composites "silica gel-sodium sulphate", obtained by sol-gel method [J]. Applied thermal engineering, 2014, 64 (1/2): 408-412.

[33] CHUA K J. Heat and mass transfer of composite desiccants for energy efficient air dehumidification: modelling and experiment [J]. Applied thermal engineering, 2015, 89: 703-716.

[34] 常烜宇,李勇,何海斌,等.硅胶及硅胶-氯化锂复合材料蓄能特性实验与分析[J].太阳能学报,2017,38(7):1767-1772.

[35] 赵惠忠,闫坦坦,贾少龙,等.新型复合吸附剂硅胶/氧化石墨烯在开式吸附下的吸附性能研究[J].离子交换与吸附,2018,34(6):500-509.

[36] 雷燕子.新型吸附材料除湿转轮传递过程性能研究[D].西安:西安科技大学,2020.

[37] 杨启荣.复合型除湿材料的制备及性能研究[D].广州:华南理工大学,2015.

[38] 何晨晨,陈柳.新型复合固体除湿材料的吸附和解吸性能研究[J].低温与超导,2020,48(4):58-65.

[39] YAN J,YU Y,MA C,et al.Adsorption isotherms and kinetics of water vapor on novel adsorbents MIL-101(Cr)@GO with super-high capacity [J].Applied thermal engineering,2015,84:118-125.

[40] HENNING H M,ERPENBECK T,HINDENBURG C,et al.The potential of solar energy use in desiccant cooling cycles[J].International journal of refrigeration,2001,24:220-229.

[41] HÜRDOĞAN E,BÜYÜKALACA O,YILMAZ T,et al.Investigation of solar energy utilization in a novel desiccant based air conditioning system [J].Energy and buildings,2012,55:757-764.

[42] FONG K F,CHOW T T,LEE C K,et al.Advancement of solar desiccant cooling system for building use in subtropical Hong Kong [J].Energy and buildings,2010,42:2386-2399.

[43] BOURDOUKAN P,WURTZ E,JOUBERT P.Experimental investigation of a solar desiccant cooling installation[J].Solar energy,2009,83(11):2059-2073.

[44] ANGRISANI G,ROSELLI C,SASSO M,et al.Dynamic performance assessment of a solar-assisted desiccant-based air handling unit in two Italian cities[J].Energy conversion and management,2016,113:331-345.

[45] CHAUDHARY G Q,ALI M,SHEIKH N A,et al.Integration of solar assisted solid desiccant cooling system with efficient evaporative cooling technique for separate load handling[J].Applied thermal engineering,2018,140:696-706.

[46] 郝红,张于峰,邓娜,等.转轮热泵耦合式空调系统的节能性研究[J].太阳能学报,2009,30(1):45-50.

[47] 葛凤华,王剑,郭兴龙,等.热泵废热再生转轮除湿空调系统的性能研究[J].

太阳能学报,2016,37(9):2326-2331.

[48] SHENG Y, ZHANG Y F, ZHANG G. Simulation and energy saving analysis of high temperature heat pump coupling to desiccant wheel air conditioning system[J].Energy,2015,83:583-596.

[49] 胡晓微.新型干式工业空调系统的研究[D].天津:天津大学,2014.

[50] 王涛.自我再生转轮除湿空调系统的性能研究[D].天津:天津商业大学,2014.

[51] JEONG J, YAMAGUCHI S, SAITO K, et al. Performance analysis of desiccant dehumidification systems driven by low-grade heat source[J]. International journal of refrigeration,2011,34(4):928-945.

[52] CASAS W,SCHMITZ G.Experiences with a gas driven,desiccant assisted air conditioning system with geothermal energy for an office building[J]. Energy and buildings,2005,37(5):493-501.

[53] GOODARZIA G, THIRUKONDA N, HEIDARI S, et al. Performance evaluation of solid desiccant wheel regenerated by waste heat or renewable energy[J].Energy procedia,2017,110:434-439.

[54] ANGRISANI G, ROSELLI C, SASSO M, et al. Dynamic performance assessment of a micro-trigeneration system with a desiccant-based air handling unit in Southern Italy climatic conditions[J].Energy conversion and management,2014,80:188-201.

[55] HEIDARINEJAD G,RAYEGAN S,PASDARSHAHRI H.Dynamic simulation of a solar desiccant cooling system combined with a ground source heat exchanger in humid climates [J]. Journal of building engineering, 2020, 28:101048.

[56] GUO J Y,BILBAO J I,SPROUL A B. A novel solar cooling cycle: a ground coupled PV/T desiccant cooling (GPVTDC) system with low heat source temperatures[J].Renewable energy,2020,162:1273-1284.

[57] CHEN L, TAN Y K. The performance of a desiccant wheel air conditioning system with high-temperature chilled water from natural cold source [J]. Renewable energy,2020,146:2142-2157.

[58] LIANG J D,KAO C L,TSAI L K,et al.Performance investigation of a hybrid ground-assisted desiccant cooling system [J]. Energy conversion

and management,2022,265:115765.
[59] 腊栋.开式冷水型转轮除湿空调理论与实验研究[D].上海:上海交通大学,2013.
[60] CHEN L,DENG W J,CHU Y J.Experimental study on desiccant evaporative combined chilled air/chilled water air conditioning systems[J].Applied thermal engineering,2021,199:117534.
[61] HEIDARI A,ROSHANDEL R,VAKILOROAYA V.An innovative solar assisted desiccant-based evaporative cooling system for co-production of water and cooling in hot and humid climates[J].Energy conversion and management,2019,185:396-409.
[62] ZHOU X C.Thermal and energy performance of a solar-driven desiccant cooling system using an internally cooled desiccant wheel in various climate conditions[J].Applied thermal engineering,2021,185:116077.
[63] KARAMI M,DELFANI S,NOROOZI A.Performance characteristics of a solar desiccant/M-cycle air-conditioning system for the buildings in hot and humid areas[J].Asian journal of civil engineering,2020,21(2):189-199.
[64] EL-AGOUZ S A,KABEEL A E.Performance of desiccant air conditioning system with geothermal energy under different climatic conditions[J].Energy conversion and management,2014,88:464-475.
[65] LIU Y F,CHEN Y Y,WANG D J,et al.Performance evaluation of a hybrid solar powered rotary desiccant wheel air conditioning system for low latitude isolated islands[J].Energy and buildings,2020,224:110208.
[66] SPEERFORCK A,LING J Z,AUTE V,et al.Modeling and simulation of a desiccant assisted solar and geothermal air conditioning system[J].Energy,2017,141:2321-2336.
[67] RAYEGAN S,MOTAGHIAN S,HEIDARINEJAD G,et al.Dynamic simulation and multi-objective optimization of a solar-assisted desiccant cooling system integrated with ground source renewable energy[J].Applied thermal engineering,2020,173:115210.
[68] FÉREY G,MELLOT-DRAZNIEKS C,SERRE C,et al.A chromium terephthalate-based solid with unusually large pore volumes and surface

area[J].Science,2005,309(5743):2040-2042.

[69] SHEN D M, BÜLOW M, SIPERSTEIN F, et al. Comparison of experimental techniques for measuring isosteric heat of adsorption[J]. Adsorption,2000,6(4):275-286.

[70] ANSÓN A, CALLEJAS M A, BENITO A M, et al. Hydrogen adsorption studies on single wall carbon nanotubes[J].Carbon,2004,42(7):1243-1248.

[71] LAZARIDIS N K, KARAPANTSIOS T D, GEORGANTAS D. Kinetic analysis for the removal of a reactive dye from aqueous solution onto hydrotalcite by adsorption[J].Water research,2003,37(12):3023-3033.

[72] HO Y S, MCKAY G.Pseudo-second order model for sorption processes [J].Process biochemistry,1999,34(5):451-465.

[73] ZHANG Z J, HUANG S S, XIAN S K, et al.Adsorption equilibrium and kinetics of $CO_2$ on chromium terephthalate MIL-101[J].Energy & fuels, 2011,25(2):835-842.

[74] MIYOSHI H.Donnan dialysis with ion-exchange membranes. Ⅲ.Diffusion coefficients using ions of different valence[J]. Separation science and technology,1999,34(2):231-241.

[75] 赵祯霞.金属有机骨架 MOF-5 膜的制备及其 $CO_2$ 气体渗透分离性能[D].广州:华南理工大学,2009.

[76] 胡雷鸣,葛天舒,江宇,等.金属基复合吸附剂的吸湿性能测试[J].制冷学报,2014,35(2):69-75.

[77] WU X N, GE T S, DAI Y J, et al.Investigation on novel desiccant wheel using wood pulp fiber paper with high coating ratio as matrix[J].Energy, 2019,176:493-504.

[78] YADAV A, YADAV L.Comparative performance of desiccant wheel with effective and ordinary regeneration sector using mathematical model[J]. Heat and mass transfer,2014,50(10):1465-1478.

[79] YEBOAH S K, DARKWA J.A critical review of thermal enhancement of packed beds for water vapour adsorption[J].Renewable and sustainable energy reviews,2016,58:1500-1520.

[80] ZHANG X J, SUMATHY K, DAI Y J, et al.Parametric study on the silica gel-calcium chloride composite desiccant rotary wheel employing fractal

BET adsorption isotherm[J]. International journal of energy research, 2005,29(1):37-51.

[81] DE ANTONELLIS S, INTINI M, JOPPOLO C M. Desiccant wheels effectiveness parameters: correlations based on experimental data[J]. Energy and buildings,2015,103:296-306.

[82] NARAYANAN R,SAMAN W Y,WHITE S D,et al.Comparative study of different desiccant wheel designs[J]. Applied thermal engineering, 2011,31(10):1613-1620.

[83] BANIYOUNES A M, LIU G, RASUL M G, et al. Analysis of solar desiccant cooling system for an institutional building in subtropical Queensland, Australia[J]. Renewable and sustainable energy reviews, 2012,16(8):6423-6431.

[84] KENNEDY J, EBERHART R. Particle swarm optimization[C]// Proceedings of ICNN95-International Conference on Neural Networks. Perth,WA,Australia.IEEE,1995:1942-1948.

[85] 路建岭,赵惠忠,邹志军,等.喷雾冷却塔气水比和截面风速对冷却效率的影响[J].流体机械,2009,37(12):68-71.

[86] 白延斌,黄翔,孙铁柱,等.气水比对蒸发冷却高温冷水机组出水温度的影响[J].流体机械,2011,39(10):83-86.

[87] FOUDA A,MELIKYAN Z.A simplified model for analysis of heat and mass transfer in a direct evaporative cooler[J]. Applied thermal engineering,2011,31(5):932-936.